Erich Müller

Konstruktion und Bau von Segeljollen

Wissenswertes für den Segler und Selbstbauer

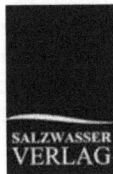

Müller, Erich

Konstruktion und Bau von Segeljollen

Wissenswertes für den Segler und Selbstbauer

1. Auflage 2010 | ISBN: 978-3-86195-580-1

Salzwasser-Verlag (www.salzwasserverlag.de) ist ein Imprint der Europäischer Hochschulverlag GmbH & Co KG, Bremen. (www.eh-verlag.de). Alle Rechte vorbehalten.

Die Deutsche Bibliothek verzeichnet diesen Titel in der Deutschen Nationalbibliografie.

Dieses Buch beruht auf einem alten Original. Der Verlag hat jedoch am ursprünglichen Text einige geringfügige Veränderungen vorgenommen, um die Übersichtlichkeit und Lesbarkeit zu verbessern.

Erich Müller

Konstruktion und Bau von Segeljollen

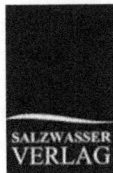

www.salzwasserverlag.de

Konstruktion und Bau von Segeljollen

von

E. Müller

SEGELSPORT - BÜCHEREI BAND 12

Konstruktion und Bau von Segeljollen

Wissenswertes für den Segelsportler und Selbstbauer

Band I: Schiffstheorie für den Laien

von

Dipl.-Ing. E. Müller

Mit 87 Abbildungen und 12 Tafeln

RICHARD CARL SCHMIDT & CO.
BERLIN W 62

Meinem Onkel

Herrn Lloydkapitän Adolf Ahlborn

gewidmet.

Vorwort.

Der vorliegende Band verdankt seine Entstehung dem Auftrage des Verlages, ein Buch über den Selbstbau von Segeljollen zu schreiben. Im Verlaufe der Bearbeitung wurde mehr und mehr erkannt, daß der ernsthafte Selbstbauer über das handwerksmäßig Praktische hinaus doch unbedingt auch eine gewisse Kenntnis der Festigkeitsverhältnisse des Bootskörpers und der Konstruktionsverhältnisse der für den Selbstbau geeigneten Bootsformen besitzen muß. Hierzu kommen die Forderungen der vollständigen Vertrautheit mit der Bezeichnung der einzelnen Bootselemente, das Lesenkönnen der Bau- und Entwurfszeichnungen, sowie gewisse Forderungen rein segelsportlicher Art.

Da die wirtschaftlichen Verhältnisse der letzten Jahre sowie das Überangebot von älteren Jollen zu billigsten Preisen nicht geeignet waren, jungen Sportbeflissenen den Erwerb einer Segeljolle im Wege des Selbstbaues zu empfehlen, ist zunächst im vorliegenden Band alles das zusammengefaßt, was nicht nur als vorbereitendes Wissen des Selbstbauers bezeichnet werden könnte, sondern was zugleich auch hauptsächlich den Segelsportler interessiert. Und da ja auch jeder Selbstbauer das Ziel hat, ein guter Segelsportler zu werden, so ist der vorliegende Band, wenn er auch aus Gründen des einheitlichen Zusammenhanges mit dem zweiten Bande, welcher den praktischen Bootsbau behandelt und demnächst erscheinen wird, für den Selbstbauer geschrieben ist, doch in erster Linie für den Segelsportler bestimmt.

Er umfaßt gerade das Wissen des nicht technisch gebildeten Segelsportlers, das er sich aus Mangel an entsprechender Literatur und ohne technische Werke durchzuarbeiten nur schwer erwerben kann und daher immer als Lücke empfunden wird.

Die Schwierigkeit der Behandlung dieser Materie liegt darin, daß gegenüber verhältnismäßig schwierigen technischen Erkenntnissen auf der einen Seite, der Mangel jeder technischen Bildung auf der anderen Seite entgegensteht. Es ist daher nicht so ganz leicht, ohne schulmeisterlich zn werden und ohne langatmige technische Belehrungen den gebildeten Laien in die Theorie des Schiffes und seine Konstruktions- und Festigkeitsverhältnisse einzuführen.

Ich habe mich bemüht, mit einem Minimum von trockenen Belehrungen und mathematischen Begründungen dieses Ziel zu erreichen. Es sollte mich freuen, wenn es mir gelungen wäre, der theoretischen Seite des Segelsportes mit dem vorliegenden Bande gedient zu haben.

Inhaltsverzeichnis.

I. Vorwort

II. Einleitung 1

III. Der Linienriß: 6

  1. Entstehung des Linienrisses 7
  2. Linienrisse ausgeführter Jollen 26

IV. Die Konstruktionsverhältnisse der Segeljolle:

  1. Bedeutung der Kleinsegelei 31
  2. Konstruktive Entwicklung der Segeljolle 32
  3. Elemente des theoretischen Schiffbaues:
     1. Der Begriff der Kraft · 37
     2. Der Begriff der Masse 37
     3. Der Auftrieb 43
     4. Das Kraftmoment 46
     5. Form- und Gewichtsstabilität 46
     6. Das Kräftepaar . . . . · 47
     7. Das Metazentrum 49
     8. Stabiles, indifferentes und labiles Gleichgewicht 50
     9. Stabiles Gleichgewicht 52
    10. Die Stabilität der Segeljolle 54
    11. Stabilitäts- und Winddruckkurve 56
    12. Anfangs- und Endstabilität 58
    13. Das Breitenträgheitsmoment der Schwimmwasserlinie . . 61
    14. Das statische Moment der ein- und austauchenden Keilstücke 65
    15. Die Stabilität des Kreisquerschnittes 67
    16. Die Stabilität des quadratischen Querschnittes . . . . · . . . 70
    17. Die Stabilität des dreieckigen Querschnittes 77
    18. Kreisförmiges, U- und V-förmiges Spant gleicher Wasser-
       linienbreite und gleichen Deplacements 78
    19. U- und V-Spant gleichen Deplacements, aber verschiedener
       Wasserlinienbreite 81

  4. Der Wasserwiderstand: 83
     1. Der Formwiderstand 85
     2. Der Reibungswiderstand 92
     3. Der wirbelbildende Widerstand 96

5. Das Hinterschiff 96
6. Das Vorschiff 103
. 7. Die Besegelung: 107
    1. Hochtakelung und Gaffelsegel 108
    2. Die Form des Großsegels 109
    3. Einfache Bestimmung der Abmessungen des Großsegels . . 113
    4. Die Wölbung des Großsegels 116
    5. Das Vorsegel 117

V. Die Bootselemente und ihre zeichnerische Darstellung 120

VI. Die Festigkeitsverhältnisse der Segeljolle 129

Einleitung.

Wer seiner Sehnsucht nach dem Eigenbesitz eines Segelbootes nicht länger widerstehen und sie nur dadurch stillen kann,
daß er sich selbst an den Bau eines ihm geeignet erscheinenden
Bootes heranmacht, sei es, daß keine geeigneten Bootswerften
in der Nähe sind, sei es, daß nur bescheidene Mittel zur Verfügung stehen, oder — wer im Vollgefühl seiner geistigen und
körperlichen Fähigkeiten, seiner handwerksmäßigen Geschicklichkeit und besonderer Intelligenz eigenen Ideen durch der
eigenen Hände Arbeit feste Form und Gestalt geben möchte, —
wer infolge besonders günstiger Umstände, wie das Vorhandensein
geeigneter Räume und Hilfsmittel, viel freie Zeit usw., auf den
Gedanken kommt, sich ein Segelboot im Selbstbau zu schaffen,
oder auf Grund welcher Triebfedern immer zum Selbstbau ge-
griffen werden mag, über eins muß sich jeder Selbstbauer klar
sein, bevor er die Arbeit beginnt: Daß ein starker Wille und große
Ausdauer dazu gehören, um eine solche Arbeit zu einem guten
Ende zu führen. Denn ein Segelboot, und sei es das einfachste,
das auch wirklich segeln soll, ist kein Blumenkasten oder Fliegen-
schrank, der auch mal mehr oder weniger gerade oder auch schief
sein kann, sondern doch immerhin ein Gegenstand, der schon über
die einfachen Schreiner- und Tischlerarbeiten hinausgreift.

Diese aufzuwendende Energie und Ausdauer ist um so größer,
je unvorbereiteter der Selbstbauer an diese Arbeit herangeht,
je schwieriger der Bau des von ihm gewählten Bootstyps an und
für sich und im Verhältnis zu seiner angeborenen oder angelernten
Handfertigkeit ist und je unzureichender die zur Verfügung
stehenden Räume und Werkzeuge sind.

Alle Lust und Liebe und alle Begeisterung zum Selbstbau,
wenn sie auch die stärksten Triebfedern zur konsequenten Durch-
führung der Arbeit sind und ohne sie überhaupt kein Erfolg
möglich ist, genügen alleine nicht. Wie schnell schwindet die Begeisterung, wenn die Ausführung der einzelnen Arbeiten größere
Schwierigkeiten macht, als man erwartet hatte, und nun mit
unzulänglichen Mitteln versucht wird, sie zu meistern. Wie
wandelt sich Lust und Liebe in Unlust und Widerstreben, wenn
die Arbeit nicht vorwärts kommen will und das Geschaffene

durchaus nicht den Eindruck macht, den man erwartet hatte. Dann treten wohl die Fälle ein, die man so oft erlebt und die nicht einzutreten brauchen: daß man entweder mitten in der Arbeit steckenbleibt und ein halbfertiges Bootsgerippe in irgendeiner Ecke eines Schuppens noch einige Wochen und Monate Zeugnis ablegt von einem schönen aber kurzen Traum, der endgültig ausgeträumt ist, oder daß das Boot nach mühevollen Arbeitsstunden schließlich schlecht und recht zusammengeklopft wird, nur um sich davon zu machen, so daß man ihm auf hundert Schritt die Eile und Unlust ansieht, mit der es ,,fertig" gemacht worden ist. Schade dann um die vergeudete Kraft und Zeit, schade um die zerstörte Hoffnung und das geknickte Selbstbewußtsein. Dabei hätte oft ein Weniges mehr an guter Vorbereitung und entsprechender Anleitung einen vollen Erfolg geschaffen und einen glücklichen Menschen mehr unter der Sonne.

Es kommt also vor allen Dingen darauf an, daß man sich vor Inangriffnahme eines Selbstbaues genau über die Schwierigkeiten unterrichtet, die zu überwinden sind, die nicht nur in der Natur der Sache begründet liegen, sondern auch in der individuellen Veranlagung des Selbstbauers.

Die ersteren Schwierigkeiten sind zunächst ganz allgemeiner, dann auch besonderer Art. Die allgemeinen Schwierigkeiten, die bei jedem Selbstbau wiederkehren, bestehen zunächst in der richtigen Handhabung der Werkzeuge und der zweckmäßigen Anwendung der Hilfsvorrichtungen. Dazu kommen die Schwierigkeiten in der Beschaffung sachgemäßer Werkzeuge und einwandfreien Bootsbaumaterials. Hier geht es ohne fachkundige Beratung nicht ab, wenn man nicht Ärger haben will. Aber jeder Selbstbauer wird in seinem Bekanntenkreise immer jemanden finden, der ihm hier raten kann. In der Literatur gibt es meines Wissens kein Buch, das sich mit der richtigen Handhabung der Tischler- und Zimmermannswerkzeuge so eingehend beschäftigt, daß sich darnach ein Laie vor Inangriffnahme einer größeren Arbeit, an irgendwelchen tauglichen Objekten wie wertlosen Brettern usw., so im Gebrauch der Werkzeuge üben kann, daß er sich getrost an ein sauber herzustellendes Werkstück heranmachen kann. Meistens bleibt es in der einschlägigen Literatur bei der bloßen Beschreibung der Werkzeuge und einiger weniger Hinweise auf ihre Handhabung. Natürlich gibt es hier auch manches, was man nicht so eingehend beschreiben und durch Zeichnungen erläutern kann, wie es z. B. durch die persönliche Unterweisung von fachkundiger Hand möglich ist. Wer es also haben kann, lasse sich die einzelnen Handgriffe von einem Fachmann zeigen oder zum mindesten überprüfen. Mit diesen einfachen

Unterweisungen ist es dann auch noch nicht getan. Denn wer da auch weiß, wie ein Hobel einzustellen, anzusetzen und über das Holz zu führen ist, kann deswegen noch lange nicht glatt hobeln. Hier kommt dann eben noch die Übung hinzu. Und solange er nicht die richtige Bewegung, Druckverteilung usw. heraus hat, wird das von ihm „gehobelte" Brett eben alles andere als ein gehobeltes Brett sein. Dann muß erfahrungsgemäß Sandpapier Nr. 4 herhalten, um die vielen „Hauer" wieder wegzuschaffen. Und wer im Gebrauch von Sandpapier nicht unterrichtet ist, wird dann zu seinem größten Ärger beim Lackieren des Brettes feststellen, daß kein farbloser Lack aufzutreiben ist, der die vielen Querschrammen des Sandpapiers zu verdecken in der Lage ist. So wird aus einer ursprünglich unbeholfenen und unsauberen Arbeitsweise ein ganzer Rattenschwanz von überflüssigen und oft die ersten Fehler gar nicht mehr wegbringenden Hilfsarbeiten, die nicht zur Verschönerung des Bootes beitragen und die Lust am Weiterbau erheblich herabstimmen. Deshalb von Anfang an mit größter Sorgfalt und Überlegung an jede einzelne Arbeit herangehen! „Wer das erste Knopfloch verpaßt, kommt mit dem Zuknöpfen nicht mehr zurecht."

Im 2. Bande habe ich daher diesen allgemeinen Schwierigkeiten, wie sie sich aus der Handhabung der Werkzeuge ergeben, ein besonderes Kapitel gewidmet, so daß jeder, der den 1. und 2. Band durchgearbeitet hat, damit in der Lage sein dürfte, gerade diejenigen Klippen zu umschiffen, an denen die meisten scheitern. Denn der eigentliche Selbstbau des 2. Bandes ist nichts weiter als eine fortgesetzte Anwendung der im ersten und zweiten Teil gegebenen Anweisungen.

Zu diesen allgemeinen Schwierigkeiten gehört aber noch etwas anderes. Das ist das richtige Verstehen der Bauzeichnungen, die als Unterlagen für den Selbstbau dienen, und nach denen der Bootsrumpf in technisch üblicher Weise in Grundriß, Aufriß und Querschnitte aufgeteilt ist. Bei fast allen im 2. Teil wiedergegebenen Booten und anderen, die alle im Selbstbau enstanden sind, hat ein oberflächliches oder verständnisloses Studium der Bauzeichnungen zu Fehlern geführt, deren Vertuschung oder Behebung viel ärgerliche Arbeit gemacht hat. Bei Besprechung der betreffenden Boote werde ich darauf zurückkommen, da vielfach die Fehler noch auf den Photographien zu sehen sind.

Eine ebenso wichtige Aufgabe ist die des richtigen Lesens des Linienrisses, dieser ebenfalls in technisch üblicher Weise dargestellten Form des äußeren Bootskörpers nach Grundriß, Aufriß und Spantenriß. Wie oft passiert es, daß ein Selbstbauer nach Fertigstellung seines Bootes auf dem Wasser ein ganz anderes

Boot sieht, als er es sich vorgestellt hatte. Und da sicherlich jeder Selbstbauer bestimmte Wünsche und ein bestimmtes Bild seines neuen Bootes vor sich hat, muß er unbedingt an dem vom Konstrukteur vorgelegten Linienriß erkennen können, ob er seinen Wünschen entspricht oder nicht. Der Linienriß muß ihm bei aufmerksamer Betrachtung zu einem vollkommen plastischen Bild werden, aus dem er nun leicht z. B. die Form des Unterwasservor- oder -hinterschiffes erkennen und feststellen kann, ob die vom Konstrukteur gewählten Formen seiner Auffassung, sofern er schon eine hat, vom günstigsten Wasserein- und -austritt entsprechen, bzw. ob die durch die Form verursachten besonderen Schwierigkeiten bei Ausführung im Selbstbau ohne umfangreiche Hilfsmittel von ihm bewältigt werden können.

Daher habe ich im ersten Teil auch über die Entstehung und das Lesen der Linienrisse ein Kapitel geschrieben, das in dieser Ausführlichkeit und besonders in der Art der Darstellung, indem von der räumlich dargestellten Form ausgegangen und vermittels der Gesetze der Parallelperspektive die technische Art der Darstellung in Grundriß, Aufriß und Spantenriß entwickelt wird, meines Wissens noch nirgends existiert. Dieses Kapitel dürfte daher nicht nur für den Selbstbauer, sondern auch für jeden Segelsportler, und das ist ja die zweite Stufe, die der Selbstbauer zu erringen hat, wenn er nicht schon Segler ist, wie für jeden Bootsbau-, Tischler- oder Zimmermannslehrling, Techniker usw. von besonderer Bedeutung sein. Denn es behandelt das Gebiet des räumlichen Vorstellungsvermögens, in das mancher nie eindringt, weil er keine Gelegenheit findet, sich darin zu üben. Wie viele Segelsportler sind selbst nach jahrelanger segelsportlicher Betätigung nicht in der Lage, die in der Fachpresse veröffentlichten Linienrisse zu verstehen, geschweige denn besondere Feinheiten oder Fehler eines Entwurfes zu erkennen. Und gerade der Selbstbauer hat alle Veranlassung, sich im Lesen der Linienrisse zu üben, bis er sie versteht, wenn er seine Wünsche erfüllt sehen will.

Von gleicher allgemeiner Bedeutung ist das Kapitel über die Festigkeitsverhältnisse im Bootskörper, das dem Selbstbauer und Segelsportler bis zu einem gewissen Grade ein richtiges Verständnis für die auftretenden Beanspruchungen geben soll. Denn er soll nicht nur die Bezeichnungen der einzelnen Bauteile kennen, sondern auch ihren Zweck innerhalb des Rahmenverbandes eines Segelbootes. Dann wird er sich nicht nur über die Ursachen von auftretenden Leckagen klar sein und besondere Sorgfalt bei Anfertigung und Zusammenfügung gewisser Bauteile walten lassen, sondern auch z. B. ein fertig vor ihm liegendes Boot, das er etwa käuflich erwerben will, mit ganz anderen Augen ansehen als früher. Er wird vor manchem Schaden bewahrt bleiben. Auch wird dieses Kapitel manchem Bootsbauer willkommen sein, der sich normalerweise natürlich nicht mit dem umfangreichen Gebiet der Schiffsfestigkeit beschäftigen kann, zumal dies sowieso eins der schwierigsten Kapitel ist, zu dessen restloser Lösung noch viel Forscherarbeit nötig ist. Aber es wird ihm einen gewissen Einblick verschaffen und den Sinn für die richtige Anordnung der Bauteile schärfen.

Die besonderen Schwierigkeiten des Selbstbaues liegen in der Bauart der verschiedenen Bootstypen begründet und werden bei Besprechung derselben behandelt.

Die individuellen Schwierigkeiten, d. h. die im Charakter des Menschen begründeten, sind zum Teil angeboren, zum Teil beruhen sie auf Nachlässigkeit, Unstetigkeit, Selbstüberschätzung usw.

Wer von Natur unfähig ist, sich auf eine bestimmte Sache zu konzentrieren, wer durchaus keinen Sinn und kein Geschick für handwerksmäßige Arbeiten hat, wer kein Augenmaß, keinen Ordnungssinn, keine Lust und Liebe zu sorgfältiger, sauberer, ausdauernder Arbeit hat, der lasse die Finger vom Selbstbau. Er wird nur mühsam vorwärts kommen und schließlich ganz erlahmen, weil ihm eben gerade die wichtigsten Vorbedingungen zu dieser Arbeit fehlen. Er wird auch nie ein Segler werden, der eben ein ganzer Kerl sein muß.

Die anderen aber, denen der Segler sozusagen in den Knochen sitzt, für die die Schwierigkeiten nur vorhanden sind, um überwunden zu werden, wie die Böen nur dazu da sind, um abgewettert zu werden, denen als Resultat ihres Fleißes und ihrer Ausdauer die Erfüllung ihres sehnlichsten Wunsches, ein sportgerechtes Segelboot, winkt, diese anderen alle mögen getrost an die Arbeit gehen, wenn sie nach Studium dieses Buches die zu überwindenden Schwierigkeiten kennen gelernt haben und sich stark genug fühlen, sie zu meistern.

Nur ihnen, den Mutigen und Ehrlichen sei dieses Buch mit auf den Weg gegeben!

Gode Wind!

Der Linienriß.

„Wer den Dichter will verstehn,
muß in Dichters Lande gehn."

Wie schon in der Einleitung gesagt, stellt der Linienriß die äußere Form des Bootes im Grundriß, Aufriß und Spantenriß dar, und es handelt sich nun darum, aus dem Verlauf der Wasserlinien, der Schnitte (was das ist, werden wir weiter unten sehen) oder der Spanten die Form des Bootes so deutlich zu erkennen, als wenn es vor einem auf dem Wasser läge. Natürlich würde das im Lesen eines Linienrisses ungeübte Auge eines Laien die Form des Bootes viel leichter an einem von einem geschickten Maler in plastischer Weise dargestellten Bootskörper erkennen. Aber die Sprache des Malers ist nicht die Sprache des Ingenieurs. Während mit der Fertigstellung des Gemäldes der Zweck desselben, die möglichst naturgetreue Vortäuschung eines Gegenstandes, einer Stimmung, einer Bewegung usw. erreicht ist und das Bild dann lediglich dem Genusse des Betrachtetwerdens dient, gibt das technische Kunstwerk des Ingenieurs, die technische Zeichnung, einen zu schaffenden Gegenstand in einer Darstellungsart wieder, daß daraus sämtliche zur Herstellung desselben erforderlichen Maße zu entnehmen sind. Die Herstellung der technischen Zeichnung ist daher nicht Selbstzweck, wie beim Gemälde, sondern nur Mittel zum Zweck. Der Zweck ist der zu schaffende Gegenstand selbst. Die Zeichnung muß daher von dem schöpferisch tätigen Ingenieur in technisch so einwandfreier Weise ausgeführt sein, daß nach ihr die Anfertigung des gewünschten Gegenstandes durch entsprechend geschultes Personal ohne weitere mündliche oder schriftliche Verständigung mit dem Ingenieur möglich ist.

Wie der Maler das von ihm zu schaffende Bild so klar und deutlich vor seinem geistigen Auge sieht, daß er in der Lage ist, das Bild mit allen Feinheiten der Farben, Stimmung, Bewegung wiederzugeben, so daß der Beschauer, sofern er gelernt hat ein Gemälde richtig zu betrachten, in dieselbe Stimmung versetzt wird, so ist auch der Linienriß des Konstrukteurs mehr, als es bei allen anderen Zeichnungen, wie z. B. den noch zu besprechenden Bauzeichnungen, der Fall ist, das Produkt eines vollkommen plastisch vor seinem geistigen Auge stehenden Bootskörpers, so daß nun genau wie bei dem Gemälde das geschulte Auge eines Beschauers denselben plastischen Eindruck erhält und mühelos alle vom Konstrukteur gewollten Eigenarten und Besonderheiten erkennt. Welch' einen Genuß das Studium guter Entwürfe darstellt, das weiß nur der zu schätzen, der gelernt hat, mit den Augen des Konstrukteurs zu schauen, wie nur derjenige einen wirklichen Genuß von guten Gemälden hat, der gelernt hat, mit den Augen eines Malers zu sehen und sich nach wenigen Minuten z. B. mitten in einer dargestellten Landschaft zu finden und Farben und Stimmungen auf sich wirken zu lassen, wie wenn er mitten in einer wirklichen Landschaft stände.

Schon allein aus dem einfachen Grunde, sich Genüsse zu verschaffen, an denen man bisher achtlos vorübergegangen ist, würde es sich schon empfehlen, sich mit dem Studium von Linienrissen zu beschäftigen und zu versuchen, möglichst weit in diese Materie einzudringen. Das ist der genußreichste Zeitvertreib des Segelsportlers im Winter. Und wer dann einmal das Glück hat, eines der meistens vergriffenen Werke mit irgendwelchen gesammelten Linienrissen in die Hände zu bekommen oder wohl gar das herrliche Mappenwerk „Paris, Souvenir de marine", in dem sich die Linienrisse der berühmtesten hölzernen Segelschiffe des Mittelalters finden, wird sich nicht satt sehen können an der entzückenden Schönheit der Linien und Formen, in denen besonders die alten Schiffsbaumeister ihre Kunstwerke erstehen ließen. Und hat er erst das Land des Konstrukteurs betreten, um sein Tun und Treiben kennen zu lernen und zu verstehen, dann wird er auch den Sinn der von den Wassersportzeitschriften und den großen Seglerorganisationen von Zeit zu Zeit herausgegebenen Sammlungen von Linienrissen erkennen, die ihm bisher ein wenig interessantes Bilderbuch waren und doch den lebenden Konstrukteuren und geschulten Wassersportlern eine unerschöpfliche Fundgrube neuer Ideen und Formengestaltung sind.

1. Entstehung des Linienrisses.

So will ich nun versuchen, den Leser in die Plastik der Linienrisse einzuführen und das Lesen des Linienrisses mit ihm üben, indem von der Darstellung der einfachsten Bootsform, der Kastenscharpie, ausgegangen werden soll, um dann über die Spitzbodenscharpie zum rundspantigen Boot zu gelangen. Um das räumliche Vorstellungsvermögen zu wecken und weiter auszubilden, sind in Tafel I—VI die vorderen und hinteren Hälften dieser drei Bootskörper zunächst in parallelperspektivischer Plastik dargestellt, so daß der Beschauer unschwer eine räumliche Vorstellung dieser Bootsformen erhält. Es ist hierbei natürlich zu berücksichtigen, daß die Darstellung mittels Parallelperspektive die Körper nicht in der Form erstehen läßt, wie sie sich in Wirklichkeit dem Auge des Beschauers, das gewöhnt ist, zentralperspektivisch zu sehen, darstellen würde. Um aber die Entstehung des Grundrisses, Aufrisses und Spantenrisses aus einem räumlich dargestellten Bootskörper zeigen zu können, gibt es nur das Mittel der Parallelperspektive, das einen genügend plastischen Eindruck vermittelt.

Um zunächst bei diesen räumlichen Darstellungen zu bleiben, betrachte der Leser erst nur die räumlichen Gebilde der Tafeln I bis VI dieses Kapitels. Diese Gebilde stellen Bootskörper dar, welche alle in der Mittellängsebene durchgeschnitten zu denken sind, so daß immer nur eine Hälfte gezeichnet zu werden braucht, wie es im Schiffbau allgemein üblich ist, da ja beide Bootshälften formgleich sind und symmetrisch zur Mittellängsebene liegen. Die Darstellung beider Schiffshälften würde nicht nur überflüssige Zeichenarbeit darstellen, sondern auch deshalb von Übel sein, weil man nicht so genau zeichnen kann, daß nun auch beide Hälften genau übereinstimmen. Ein geringes Verziehen des Papiers oder auch Abnutzung des Bleistiftes würde schon Ungenauigkeiten hervorrufen, die dann ins Gewicht fallen, wenn es sich darum handelt, die zur Herstellung des Körpers erforderlichen Maße aus der Zeichnung herauszugreifen. Und das war ja der Zweck der technischen Zeichnung, die genauen Maße festzulegen, die dem Körper eigentümlich sind. Gerade beim Linienriß ist der Satz ,,aus der Zeichnung herauszugreifen'' zutreffender als bei anderen Zeichnungen, die zur direkten Anfertigung eines Körpers in der Werkstatt dienen und bei denen sich sehr viele Maße durch Rechnung oder anderweitige Bestimmung ergeben; weswegen diese Zeichnungen auch in umgekehrter Weise hergestellt werden, indem zunächst die Maße aufgetragen und dann durch entsprechende Linien so miteinander verbunden werden, daß die Form des gewünschten Körpers entsteht. Beim Linienriß sind dagegen nur einige wenige Hauptmaße, wie größte Länge, größte Breite über Deck, größte Breite in der Konstruktionswasserlinie, größter Tiefgang, geringster Freibord usw. gegeben, über die sich der Konstrukteur zunächst klar werden und dieselben auftragen muß, um dann aber die eigentliche Form des Bootes, wie sie sich hauptsächlich im Spantenriß darstellt, durchaus freihändig zu entwerfen. Nach Fertigstellung des ganzen Entwurfes werden dann alle zur Herstellung der Bootsform erforderlichen Maße aus dem Linienriß herausgegriffen und ins Große übertragen.

Wer sich nun die räumlichen Gebilde näher ansieht (bei Tafel I, V und VI ist das Deck weggelassen), wird leicht finden, daß diese Art zu zeichnen ganz ungeeignet ist zur Bestimmung einzelner Maße, da man sich dann perspektivisch verkürzter Maßstäbe bedienen müßte. Der Ingenieur bedient sich daher dieser Darstellungsart nur gelegentlich zu Demonstrationszwecken, aber nie als Unterlage zu rein technischen Zeichnungen, in denen sich die wahren Maße des Körpers finden müssen. Um diese Zeichnungen anfertigen zu können, muß der Ingenieur das vor seinem geistigen Auge stehende räumliche Gebilde durch Projektion der drei Dimensionen Länge, Breite, Höhe auf drei parallel zu diesen Dimensionen stehende ebene Flächen in drei Flächengebilde auflösen, die nun die wahren Maße der einzelnen Dimensionen enthalten. Das ist die Entstehung jeder technischen Zeichnung, welche immer aus Grundriß, Aufriß, in unserm Falle auch Längen-schnitt oder Längsriß genannt, und Querschnitten, hier Spantenriß genannt, besteht, da eben jeder Körper drei Dimensionen besitzt und jede Dimension in ihrer wahren Gestalt gezeigt werden muß, wenn die zeichnerischen Unterlagen vollständig sein sollen.

Diese drei Projektionsebenen sind nun in den Tafeln I bis VI so um die räumlichen Gebilde gestellt, daß sie eine Kastenecke darstellen, in der das räumliche Gebilde frei im Raume schwebt. Zieht man nun die Projektionslinien senkrecht zu den Ebenen, wobei zu berücksichtigen ist, daß die Ansicht von vorne in der Pfeilrichtung zu denken ist, so bietet sich dem Auge des Be-schauers der Aufriß in seiner wahren Form dar, da die Zeichen-ebene, in der der Aufriß liegt, ja senkrecht zu seinem Auge steht. Der Grundriß und Spantenriß aber, der den Körper von oben und von der Seite (bei Tafel I von rechts, bei Tafel II von links usw.) gesehen zeigt, erscheint ihm perspektivisch verzerrt, da er ja sein Auge nicht über den gezeichneten Körper oder seitlich von ihm bringen kann. Könnte er es, so würde er diese Flächen-gebilde auch in ihrer wahren Gestalt erblicken, wie sie sich dem Auge des Lesers darbieten, wenn man diese beiden Flächen nun ebenfalls in die Zeichenebene umklappt.

Durch dieses einfache Klappverfahren erhält man also den Grundriß und Spantenriß in seiner wahren Gestalt, aus denen alle Längen-, Breiten- und Höhenmaße entnommen werden können. Nach diesem sogenannten deutschen Projektionsverfahren erscheint also jede Ansicht von oben unterhalb des Längenschnittes, jede Ansicht von links erscheint rechts und jede Ansicht von rechts erscheint links vom Längenschnitt. Berücksichtigt man nun, daß bei der üblichen Darstellung eines Schiffes, sowohl im Großschiffbau als auch im Kleinschiffbau, immer der Vorsteven

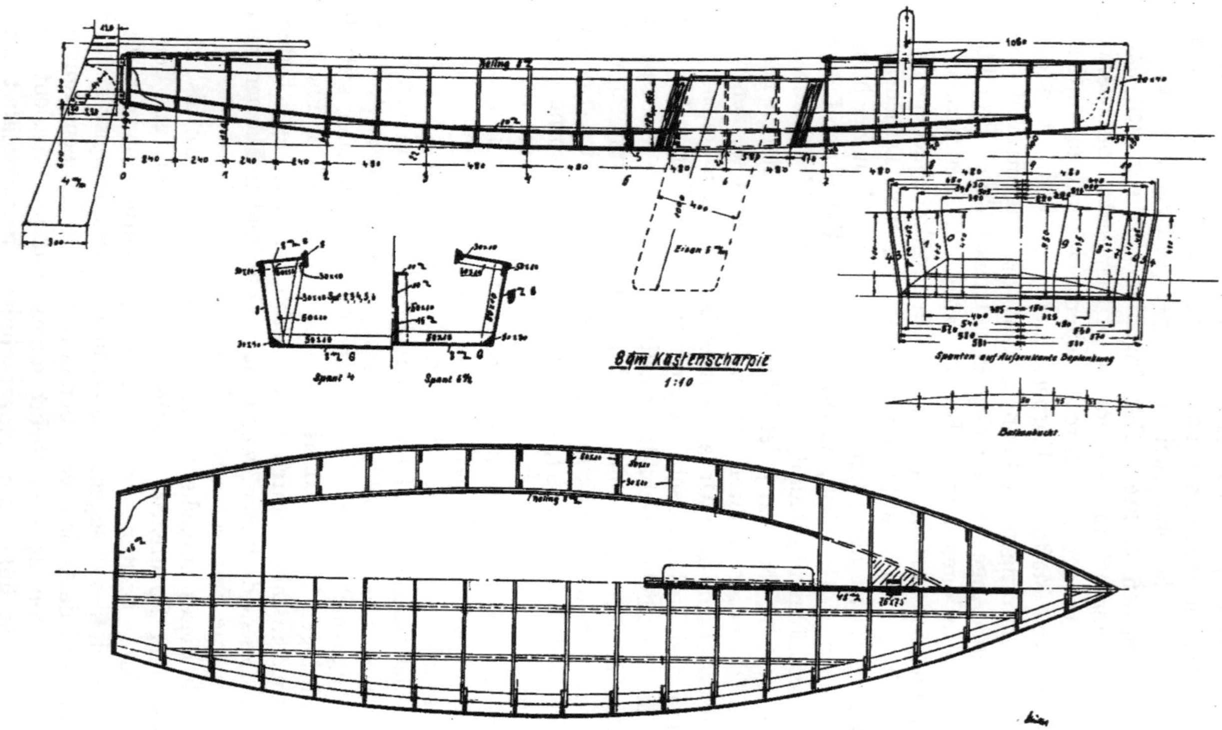

Abb. 1. Bauzeichnung einer 8 qm Kastenscharpie. Maßstab 1 : 30.

des Schiffes rechts und das Heck oder der Spiegel des Schiffes links vom Beschauer liegt, so erscheinen die Vorschiffsspanten (wenn man sich vor das Schiff stellt) immer von vorne und die Hinterschiffsspanten immer von hinten gesehen. Dementsprechend sind bei Tafel II die Projektionslinien, die den Spantenriß ergeben sollen, von links nach rechts zu ziehen und dann in die Zeichenebene umzuklappen.

Setzt man beide Teile dieses Linienrisses, also Tafel I und Tafel II, zusammen, so ergibt sich der ganze Linienriß der Kastenscharpie, bei dem dann die Vor- und Hinterschiffsspanten um eine Mittellinie gruppiert sind. Vielfach zeichnet man bei so einfachen Körpern überhaupt keinen besonderen Linienriß, sondern gleich die Bauzeichnung nach Abb. 1, in welche dann der Spantenriß und der Verlauf der Wasserlinie besonders eingezeichnet wird.

Ebenso wird auch noch bei Spitzbodenscharpies nur eine Bauzeichnung nach Abb. 2 angefertigt, während man sich einen besonderen Linienriß, zusammengesetzt aus Tafel III und IV, sparen kann. Der besseren Klarheit wegen zeichnet man die Ansicht des Decks mit der Plicht (die Öffnung im Deck, auch Cockpit genannt,) im Gegensatz zu Tafel II bis IV im Grundriß auf die entgegengesetzte Seite der Wasserlinien, damit sie mit letzteren nicht zusammenfallen. Dementsprechend zeichnet man den Längsriß vielfach auch als Ansichtszeichnung des fertig dastehenden Bootes und nicht des in der Mitte aufgeschnittenen.

Beim rundspantigen Boot geht es natürlich ohne Linienriß nicht ab. Hier sehen wir auch eine viel größere Anzahl von Linien als bei den Scharpies, deren Form infolge des geraden Spantes durch wenige Linien festgelegt ist, während hier durch ein umfangreiches Liniensystem möglichst viele Punkte der äußeren Form festgelegt werden müssen. Wie das gemacht wird und wie ein Linienriß entsteht, sei im folgenden erklärt:

Der eigentlichen Konstruktion geht die sogenannte Netzeinteilung voraus, indem der Konstrukteur im Aufriß und Grundriß die Länge des Bootes festlegt und die Einteilung in Konstruktionsspanten vornimmt. Zu diesem Zweck zeichnet er im Aufriß und Spantenriß die Konstruktionswasserlinie (C.W.L.) und die Grundlinie, d. h. also diejenige gerade Wasserlinie, auf der das leere Boot schwimmend gedacht ist, und diejenige horizontale Linie, die durch den tiefsten Punkt des Bootes geht. Der Abstand der beiden Linien stellt dann den Leertiefgang des Bootes dar (Abb. 3).

Sodann trägt er meistens im Maßstab 1 : 10, d. h. also 1 cm der Zeichnung entspricht 10 cm in der Wirklichkeit, die Länge des Bootes auf einer dieser Linien ab und unterteilt sie in eine

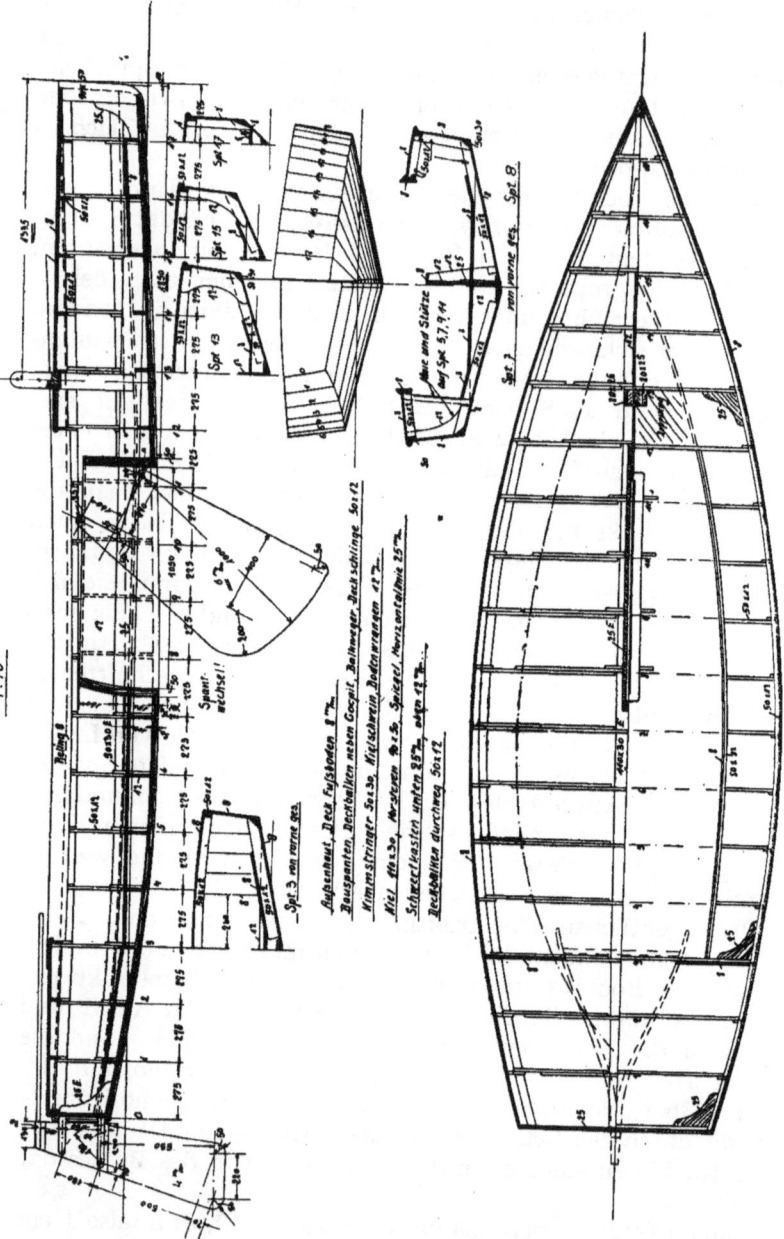

10 qm Selbstbauscharpie.
1:10

Abb. 2. Bauzeichnung einer 10 qm Spitzbodenscharpie. Maßstab ca. 1 : 30.

beliebige Anzahl gleichmäßiger Abstände, durch deren Endpunkte er senkrechte Linien, die Konstruktionsspanten, zieht. Sie heißen deshalb so, weil sie nicht die wirklichen Spanten oder die Rippen des Bootes darstellen, die natürlich viel dichter stehen,

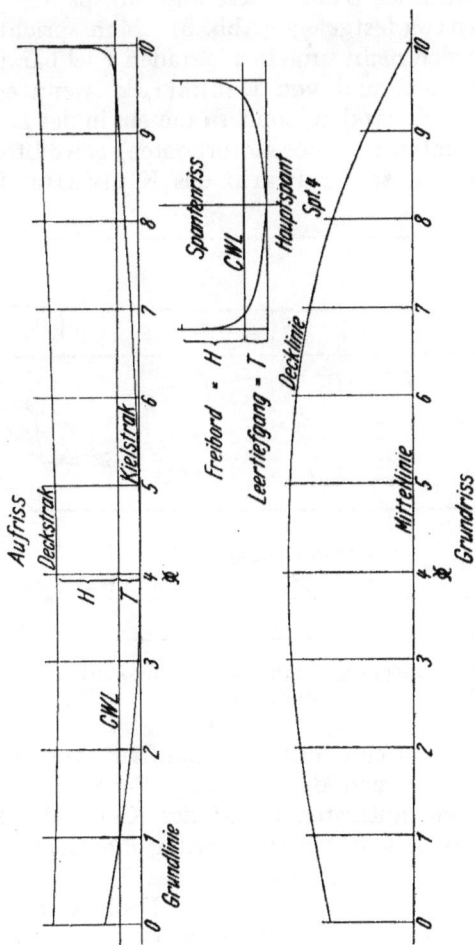

Abb. 3. Netzeinteilung und Konturen eines rundspantigen Bootes.

sondern nur die Rippen des Entwurfes, die nur zur Festlegung der Form des Bootes dienen. Mit ca. 10 derartigen Spanten ist die Form genügend genau festgelegt. Sie stehen aber mit dem wirklichen Bau des Bootes insofern in Beziehung, als nach ihnen die später zu besprechenden Mallen angefertigt werden, die ja dann auch wiederum nur zur Festlegung der Form dienen.

13

Nachdem dann der Konstrukteur auch im Grundriß nach Festlegung einer Mittellinie dieselben Konstruktionsspanten gezogen hat, geht es an die äußere Formgebung. Meistens wird zunächst im Aufriß die Form des Kielstraks und des Deckstraks mit Vor- und Hintersteven oder Spiegel, sodann im Grundriß die Form der Deckslinie und im Spantenriß die Form des Hauptspantes festgelegt (Abb. 3). Man spricht von Kielstrak, wenn es sich nicht um einen geraden Kiel handelt, sondern um einen gebogenen, und von Deckstrak, wenn es sich nicht um ein gerades Deck handelt, sondern um ein in der Längsrichtung nach oben oder unten (wie bei Motorbooten) gewölbtes. Nicht zu verwechseln hiermit ist der Begriff des Kielauflaufes und des

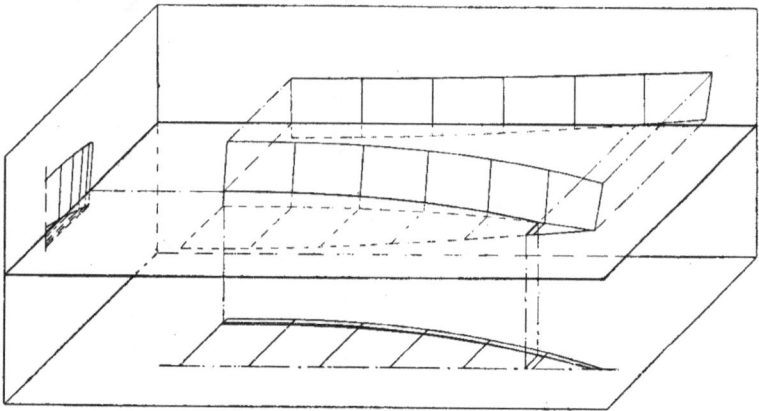

Abb. 4. Schnitt des Wasserspiegels mit einer Flachbodenscharpie ergibt die Form der C. W. L.

Decksprunges. Denn unter Kielauflauf versteht man die Höhenmaße, um die sich die einzelnen Punkte der Unterkante des Kiels über dem untersten Punkt des Kieles, der Kielsohle, erheben, während man unter Decksprung die mehr oder weniger stark nach oben gerichtete Neigung des Deckstraks gegenüber der Horizontalen versteht, so daß also der Decksprung um so größer ist, je größer der Unterschied zwischen dem geringsten Freibord und dem Freibord am Vor- und Hintersteven bzw. Spiegel ist und je näher diese Punkte zusammen liegen. Seetüchtige Schiffe erhalten einen hohen Sprung, also einen vorn stark nach oben gezogenen Deckstrak, während Binnenschiffe mit weniger Decksprung, unter Umständen überhaupt keinem, auskommen.

Freibord ist der senkrechte Abstand der Oberkante des Schandecks über der C.W.L. Schandeck oder Schandeckel ist der äußere Teil des Decks, der mit der Außenhaut abschließt. Die Schnittlinie des Schandecks mit der Außenhaut ist die Schandecklinie, die also im Grundriß gleichbedeutend ist mit

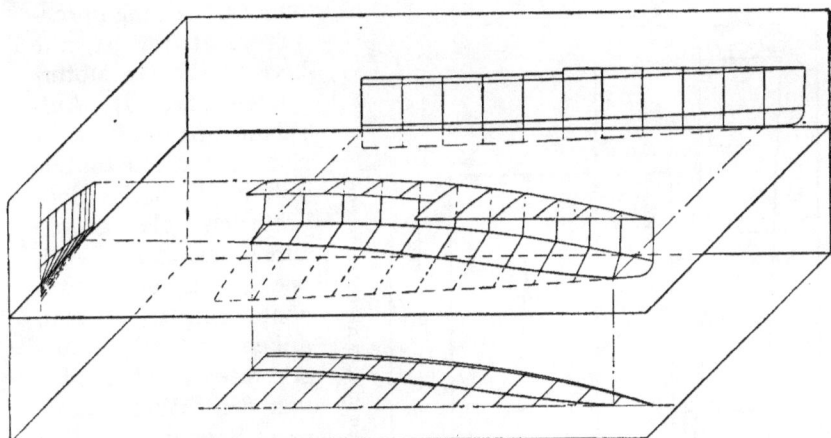

Abb. 5. Schnitt des Wasserspiegels mit einer Spitzbodenscharpie.

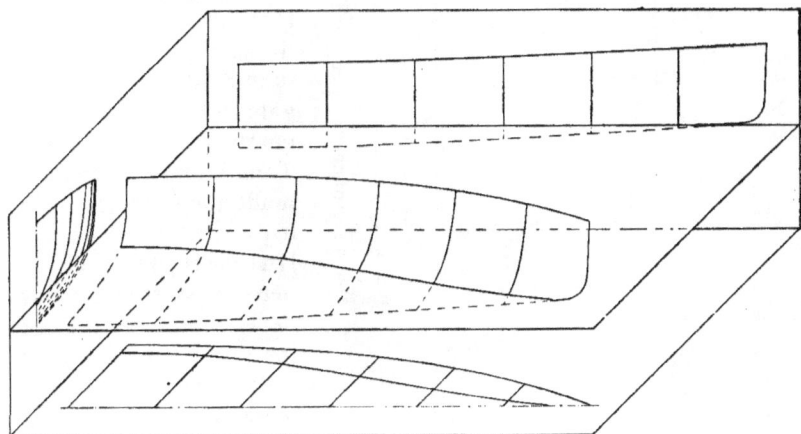

Abb. 6. Schnitt des Wasserspiegels mit einem rundspantigen Boot.

der Deckslinie, im Aufriß mit dem Deckstrak. Sie ist in Tafel I bis VI mit S bezeichnet.

Die Konstruktionswasserlinie ist der Schnitt des Wasserspiegels mit dem leeren Bootskörper (ohne Mannschaft), durch den das Boot in zwei Teile geteilt wird, Abb. 4—6, in das lebende

15

Werk und das tote Werk, wovon der unter Wasser befindliche Teil das lebende Werk ist. Bei Segelbooten wendet man diese Bezeichnung möglichst wenig an, da der über Wasser befindliche Teil ebenfalls die Segeleigenschaften erheblich beeinflußt und in dieser Beziehung durchaus nicht tot ist, wie bei Ruderbooten, Motorbooten usw. Im Aufriß und Spantenriß stellt sich dieser horizontale Schnitt durch das Boot natürlich als gerade Linie dar, Abb. 4—6, wie alle anderen Horizontalschnitte, die man außerdem noch in bestimmten Abständen von der C.W.L. durch den Bootskörper legt und die mit Wasserlinie 1, 2, 3 usw. bezeichnet werden, um im Grundriß die Form aller dieser Wasserlinien und damit die Form des ganzen Bootes von oben gesehen zu erhalten. Tafel V und VI. Deshalb heißt auch der Grundriß in diesem Falle Wasserlinienriß, da sich außer den Wasserlinien, auf denen man sich das Boot jeweils bei verschiedener Belastung schwimmend denken kann, nur noch die Deckslinie, die als oberste Wasserlinie gelten kann, darin findet. Also ganz analog dem Spantenriß, der die Form des Bootes von vorne und von hinten gesehen erkennen läßt, an den sozusagen übereinandergelegten Formen der einzelnen senkrechten Spantquerschnitte durch den Bootskörper, welche sich im Grundriß oder Wasserlinienriß und Aufriß oder Längenschnitt als gerade senkrechte Linien, den Konstruktionsspanten

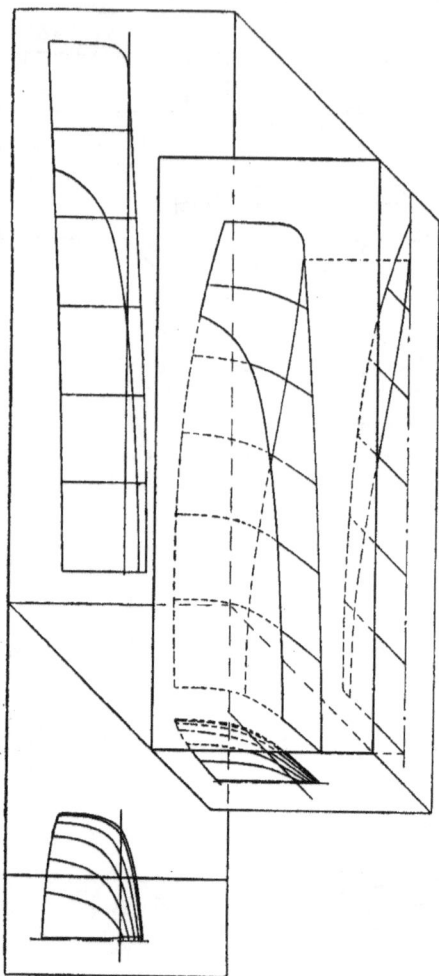

Abb. 7. Entstehung der „Schnitte" durch eine senkrechte Ebene.

zeigen (Ebene E in Tafel I, III, V). Das Spant mit dem größten Querschnitt unterhalb der Konstruktionswasserlinie, also meistens das Spant an der breitesten und tiefsten Stelle des Bootes ist das Hauptspant oder Nullspant, nicht zu verwechseln mit Spant 0, bei dem die Zählung der Spanten, und zwar meistens von hinten nach vorne, beginnt.

Früher zählte man die Spanten vom Nullspant aus nach vorne und hinten.

Und wie man sich im Wasserlinienriß nicht mit der Form der C.W.L., oder im Spantenriß mit der Form des Hauptspantes allein begnügt, sondern durch parallele Ebenen der Höhe und Länge nach die Form des ganzen Bootes darzustellen versucht, so begnügt man sich auch im Längenschnitt nicht mit dem einen Mittellängsschnitt, der die Konturen des Bootskörpers gibt, sondern man legt auch hier noch einige parallele senkrechte Längsschnitte in bestimmten Abständen vom Mittellängsschnitt durch den Bootskörper, die sich im Grundriß und Spantenriß als gerade Linien zeigen, im Längsschnitt aber die Form des Körpers diesmal zwar nicht von oben oder von vorne oder hinten, sondern von der Seite gesehen erkennen lassen (Abb. 7). Diese Längsschnitte werden mit Schnitt I, II usw. bezeichnet und geben dem geübten Auge genau dieselbe Aufklärung über alle Eigenarten der Form wie Wasserlinien- und Spantenriß. Die Netzeinteilung ist also erst vollständig, nachdem die Schnitte I, II, III und die Wasserlinien 1, 2, 3 usw. da, wo

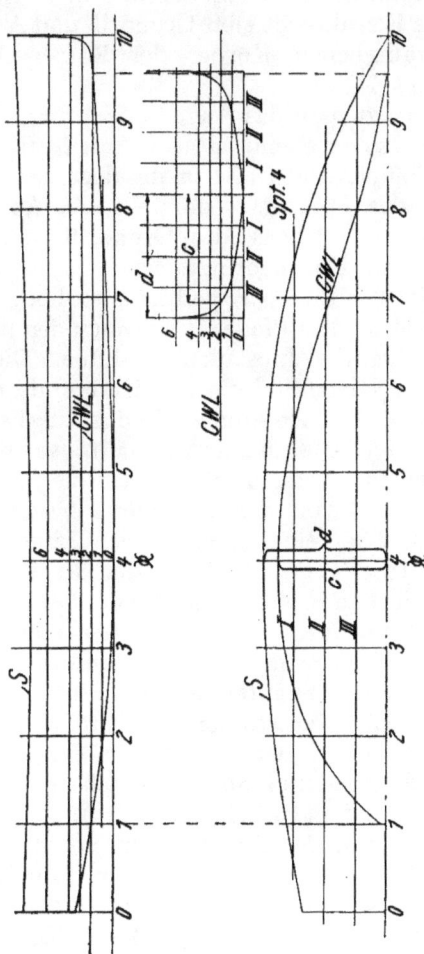

Abb. 8. Vervollständigte Netzeinteilung nebst eingetragener C. W. L.

sie als gerade Linien erscheinen, eingetragen sind. Aus Abb. 3 ist dann Abb. 8 geworden.

Über das bisher Gesagte versuche man nun zunächst sich ein deutliches Bild an Hand der Tafeln I bis VI zu verschaffen. Denkt man sich z. B. in Tafel I, die nur den Boden und die Seitenplanke des Vorschiffes einer Kastenscharpie zeigt, eine Ebene E senkrecht zum Grundriß und Aufriß, so schneidet dieselbe den räumlichen Körper der Kastenscharpie in der Form des Spantes 7.

Bringt man das Auge in Richtung des Pfeiles direkt vor diese Ebene, so erscheint sie im Aufriß als senkrechte gerade Linie. Also können auch alle in ihr liegenden Figuren, wie es z. B. die Form des Spantes 7 darstellt, im Aufriß nur als gerade Linie erscheinen. Ebenso im Grundriß, wenn man das Auge direkt über diese Ebene bringt.

Da der Boden B vollkommen horizontal liegt, nämlich genau in Richtung des Pfeiles (siehe auch den umgeklappten Spantenriß), so erscheint er im Aufriß als Linie. Die Bodenspanten b, welche von der Mittellinie bis zur Kimmlinie reichen, werden also zum Punkt. Die Kimmlinie K (das ist die Schnittlinie des Bodens mit der seitlichen Bordwand) fällt also im Aufriß mit dem Kielstrak zusammen. Andererseits werden die Spanten a, die fast senkrecht stehen und von der Kimmlinie bis zur Deckslinie reichen, im Grundriß zu einer ganz kurzen Linie. Man vergleiche hiermit z. B. Tafel III und IV, in der der Boden nicht horizontal, also auch nicht in Richtung des Pfeiles liegt. Hier fällt die Kimmlinie K nicht mit dem Kielstrak zusammen. Die Bodenspanten b erscheinen im Aufriß als senkrechter Abstand zwischen diesen beiden Linien, während die Spanten a im Grundriß wieder als kurze Striche erscheinen. Man studiere die Tafeln I und III abwechselnd genau, dann tritt der Unterschied in der plastischen Form zwischen einer Kasten- und Spitzbodenscharpie besonders deutlich hervor. Dasselbe ist natürlich der Fall mit Tafel II und IV.

Wie mit der Ebene E auf Spant 7 in Tafel I, so lassen sich natürlich durch jeden Punkt des räumlichen Gebildes senkrechte und horizontale Ebenen legen, die die Form in der jeweiligen Schnittlinie der Ebene mit dem Körper erkennen lassen. Die gezogenen Projektionslinien können alle als in irgendeiner derartigen Ebene liegend gedacht werden.

So betrachte man auch die Ebene E in Tafel III und V. Jedem Punkt der Spantform entspricht ein bestimmter Punkt im Aufriß und Grundriß. Man beachte in Tafel III Ebene E die Darstellung der Decksbucht oder auch Decksbalkenbucht genannt, die im Gegensatz zum Deckssprung die Wölbung des

Decks quer zur Längsrichtung des Schiffs darstellt. Infolge dieser Wölbung ist das Deck in der Mittellängsebene höher als an der Seite des Decks. Während man also in der räumlichen Darstellung auf die gewölbte Decksfläche D sieht, sieht man im Längsschnitt unter dieselbe. Die Projektionslinien der Deckswölbung auf Spant 12 zeigen im Längenschnitt deutlich die entsprechenden Schnittpunkte der Mittellängsebene mit dem Deck, der Reling (die Begrenzung der offenen Plicht) mit dem Deck und der Außenhaut mit dem Deck.

Desgleichen entsprechen z. B. auch in Tafel V, Ebene E, die Schnittpunkte der Wasserlinien, wie auch der Schnitte I, II, III, mit dem Spant 4 im Grundriß die gleichen Schnittpunkte im Aufriß. Darüber hinaus muß natürlich auch jedem anderen Schnittpunkt im Grundriß auch der gleiche Schnittpunkt im Aufriß und Spantenriß entsprechen, so z. B. auch die Schnittpunkte der Wasserlinien mit den Schnitten in den Zwischenräumen der Konstruktionsspanten (vergleiche Schnitt II mit Wasserlinie 1 zwischen Spant 5 und 6, Tafel V). Besonders charakteristisch sind die Punkte, in denen sich Schnitt, Spant und Wasserlinie zugleich schneiden, wie z. B. in Tafel V Spant 8 mit Schnitt II und Wasserlinie 4 sowie dasselbe Spant mit der C.W.L. und Schnitt I, außerdem Spant 9 mit Schnitt I und Wasserlinie 4 (durch einen Kreis gekennzeichnet). Natürlich müssen auch die Schnittpunkte der Wasserlinien mit dem Kielstrak usw. im Grundriß, Aufriß, Spantenriß genau übereinstimmen, wenn ein Linienriß „straken" soll, wie man das nennt, d. h. wenn die Form durchaus rein sein soll. Denn die Punkte müssen in den drei Projektionsebenen nicht nur genau übereinstimmen, sondern es müssen auch die drei Liniensysteme des Spantenrisses, Wasserlinienrisses und der Schnitte in sich vollkommen harmonisch und rein, d. h. ohne flache Stellen und Buckel, verlaufen. Darin besteht die Kunst, einen Linienriß zum „Straken" zu bringen, der obendrein nicht nur rein zeichnerisch richtig straken muß, sondern auch rechnerisch, indem er genau die Wasserverdrängung ergibt, die dem Gewicht des Bootes entspricht, und die Schwerpunkte an der Stelle, an der sie der Konstrukteur haben will. Darüber später.

Der Schnitt der Wasserlinien mit dem Kiel ist im allgemeinen kein Punkt, da der Kiel selbst nicht spitz ausläuft, sondern eine gewisse Stärke an der Außenkante besitzt, so daß der Schnittpunkt um dieses Maß aus der Mittelebene entfernt liegt. Bei der Flachbodenscharpie ist dieses Maß um die halbe Breite des Bodens an dieser Stelle aus der Mitte entfernt, da ja hier der Kiel durch den Boden selbst ersetzt ist, Tafel I und Abb. 4.

2*

Nachdem man sich an Hand der Projektionslinien ein möglichst klares Bild über die Zusammenhänge zwischen den räumlichen Gebilden und den entsprechenden Projektionszeichnungen gemacht hat, versuche man nun möglichst aus Aufriß, Grundriß und Spantenriß allein eine räumliche Vorstellung des dargestellten Körpers zu erlangen. Um den Leser hierin zu unterstützen, sollen noch einige weitere Linienrisse mit charakteristischen Linien besprochen werden, doch müssen wir zum besseren Verständnis derselben erst wieder zu unserm Entwurf zurück, in dem bisher nur das Netz (Abb. 8) fertig ist und die Hauptkonturen des Bootes eingezeichnet sind.

Zum Netz sei noch gesagt, daß der senkrechte Abstand der Wasserlinien natürlich beliebig, aber in regelmäßigen Abständen eingezeichnet sein muß, da man sonst aus dem Wasserlinienriß kein klares Bild der Form bekommen würde. Ebenso ist der Abstand der Schnitte von der Mittellängsebene beliebig, aber gleichmäßig.

Hat nun der Konstrukteur Deckstrak und Kielstrak im Aufriß sowie die Deckslinie im Grundriß gezeichnet, so kann er erst jetzt die Konstruktionswasserlinie im Grundriß zeichnen, da er den Anfang und das Ende dieser Linie aus dem Aufriß entnehmen muß, und zwar stellen die Schnittpunkte des Kielstraks mit der C.W.L. im Aufriß diese beiden Punkte dar, die er sich genau herunterprojizieren muß (Abb. 8). Sodann legt er die Form der C.W.L. fest, sobald er sich über ihre größte Breite klar geworden ist. Oder er zeichnet erst das Hauptspant und entnimmt hieraus die größte Breite der C.W.L. Denn dem Leser wird es jetzt keine Schwierigkeit mehr machen zu erkennen, daß die Strecke c im Spantenriß identisch ist mit dem c des Grundrisses auf Sp. 4, dem Hauptspant, und die Strecke d im Spantenriß mit d im Grundriß auf Sp. 4.

Und der Freibord H im Spantenriß ist dieselbe Strecke H im Längsschnitt auf Sp. 4.

Die bisher gezeichneten Linien entspringen also durchweg der freien Eingebung des Konstrukteurs und bestimmen schon die Form des Bootes, so daß jetzt nur noch die spezifischen Formen des Vor- und Hinterschiffes herausgearbeitet werden müssen.

Um dies machen zu können, vervollständigt der Konstrukteur nun zunächst den Spantenriß, indem er alle Punkte, die durch den Grundriß und Aufriß bereits festgelegt sind, auf den Spantenriß überträgt. So entnimmt er dem Grundriß die Schnittpunkte der C.W.L. mit den einzelnen Spanten, d. h. er mißt die Abstände dieser einzelnen Punkte von der Mittellinie und trägt sie im Spantenriß von der Mittellinie aus wieder auf der C.W.L. ab, die Spanten des Vorschiffes nach rechts und diejenigen des Hinterschiffes nach links, denn an diesen Stellen müssen die später zu zeichnenden Spanten die C.W.L. schneiden (Abb. 9).

Die Endpunkte der Spanten im Spantenriß, also oben am Deck und unten am Kiel werden ebenfalls in den Spantenriß übertragen, indem man zunächst aus dem Grundriß die Abstände der Decklinie von der Mitte und aus dem Aufriß die Freibordhöhen an den zugehörigen Spanten entnimmt. Abb. 9 zeigt, wie diese Entfernungen im Spantenriß aufgetragen sind.

Desgleichen ergeben sich die unteren Endpunkte der Spanten, indem die Maße des Kielauflaufes an jedem Spant aus dem Aufriß in den Spantenriß übertragen werden. Gleichzeitig werden die Dicken des Kieles im Spantenriß abgesetzt, so daß die Spanten nicht in der Mittellinie des Spantenrisses enden, sondern seitlich davon. Dies wird noch klarer, wenn man sich die Kielzeichnung nach Tafel X näher betrachtet.

Sind diese einzelnen Punkte nach Abb. 9 im Spantenriß aufgetragen, so verbindet der Konstrukteur die oberen Endpunkte miteinander und erhält so den Verlauf der Schandeckellinie von vorne und hinten gesehen. Sodann zeichnet er aus freier Hand die Spantformen, wie sie die plastische Vorstellung des Bootskörpers ihm eingibt (Abb. 10).

Damit könnte der Linienriß an sich schon als fertiggestellt gelten, da der Zweck jedes Linienrisses die genaue Feststellung der Spantformen ist, und zwar zunächst ausschließlich der Kon-

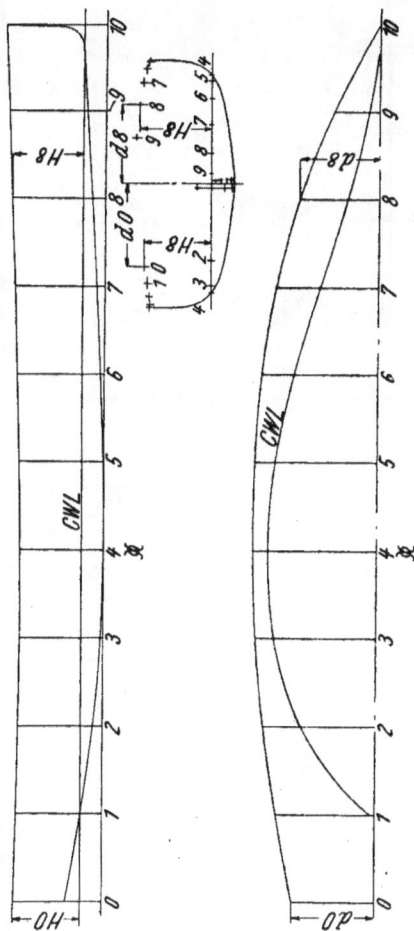

Abb. 9. Übertragung des Decks, des Kielauflaufes und der C. W. L. in den Spantenriß.

struktionsspanten. Besonders im Bootsbau, wo der Bootskörper selbst nur auf Grund der nach den Konstruktionsspanten angefertigten Mallen entsteht. Da der Konstrukteur aber nicht die Gewißheit hat, daß der Spantenriß nun auch in sich ganz rein ist, überträgt er nun rückwärts sämtliche Schnittpunkte der eben gezeichneten Spanten mit den Wasserlinien und Schnitten in den Grundriß und Aufriß und sieht nun, ob diese Punkte wiederum in sich reine Liniengebilde ergeben. Für den gewandten Konstrukteur werden dann meistens nur ganz geringfügige Korrekturen erforderlich sein.

Werden alle Abstände der Schnittpunkte der Spanten mit den Wasserlinien von der Mittellinie aus dem Spantenriß in den Grundriß übertragen, wie es vorher umgekehrt mit der C.W.L. gemacht worden ist, so sieht der Wasserlinienriß zunächst so aus, wie die Abb. 10 angibt. Analog überträgt man alle Schnittpunkte der Spanten mit den Schnitten I, II, III aus dem Spantenriß in den Längsriß. Sind nach Abb. 11 alle Schnittpunkte im Wasserlinienriß zu Wasserlinien verbunden, so sind neue Schnittpunkte zwischen diesen Wasserlinien und den Schnitten I, II, III im Grundriß entstanden, welche ebenfalls in den Aufriß übertragen werden müssen und hier zusammen mit den bereits übertragenen Schnittpunkten aus dem Spantenriß den genauen Verlauf der Schnittlinien I, II, III angeben. Abb. 11 zeigt das Bild des Aufrisses nach der Übertragung dieser Schnittpunkte. Man sieht hier auch, wie die Endpunkte der Schnittlinien an der Schandeckel-

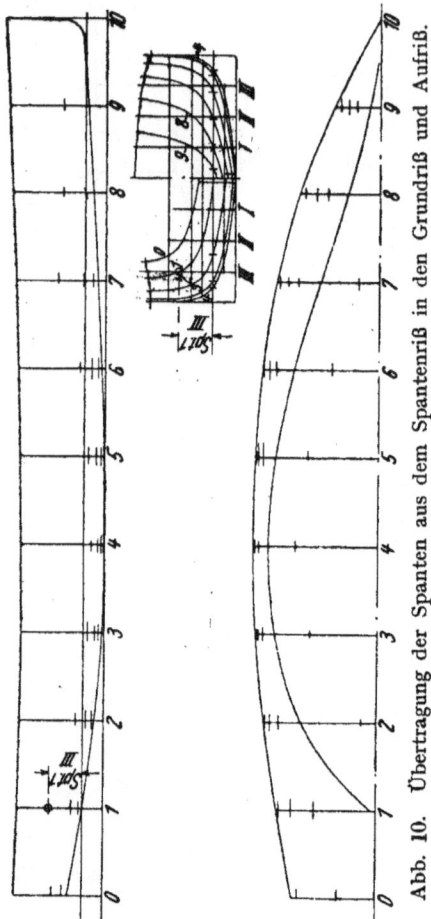

Abb. 10. Übertragung der Spanten aus dem Spantenriß in den Grundriß und Aufriß.

22

linie aus dem Grundriß entnommen sind, da wo die Schnitte die Deckslinie schneiden. Nachdem die Punkte miteinander zu fertigen Schnittlinien verbunden sind, kann der Linienriß als fertig gelten, doch legt man meistens noch sogenannte Senten ein, welche besonders zur Reinigung der Form geeignet sind, da sie im Spantenriß möglichst quer zum Verlauf der Spanten gelegt werden. Denn der Leser wird sich leicht davon überzeugen können, daß manche Wasserlinien und Schnitte einzelne Spanten so schräg überschneiden, daß der Schnittpunkt bei der geringsten Ungenauigkeit schon erheblich wandern kann. Die Dicke eines Bleistiftstriches genügt, um den Schnittpunkt um Millimeter zu verlegen, was bei den Senten nicht eintreten kann. Diese Senten werden aus dem Spantenriß in den Grundriß übertragen, indem wieder jeder Schnittpunkt einer Sente mit einem Spant von dem Schnittpunkt der Sente mit der Mittellinie aus auf dem zugehörigen Spant im Grundriß wiederum von der Mittellinie aus abgetragen wird.

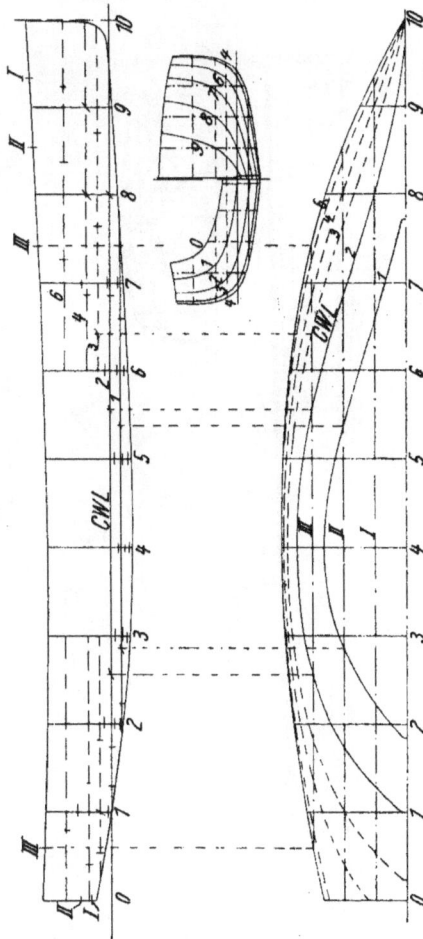

Abb. 11. Übertragung der Wasserlinien in den Aufriß.

Meistens werden diese Senten unterhalb des Wasserlinienrisses abgetragen, damit sie nicht mit den Wasserlinien zusammenfallen. Sie geben besonders guten Aufschluß über die Form des Bootes an der Stelle der Sente, doch ist ein räumliches Bild des Bootes aus ihnen nicht zu erhalten.

Außer diesen Linien finden sich in manchem Linienriß noch die Form der geneigten Wasserlinie, auf der also das Boot bei starker Neigung schwimmt; diese Wasserlinie ist aber von untergeordneter Bedeutung, weshalb an dieser Stelle nicht weiter darauf eingegangen werden soll.

Als letzte Kurve, die Ähnlichkeit mit einer Wasserlinie hat, und sich in den meisten Linienrissen findet, sei noch die Spantareal-

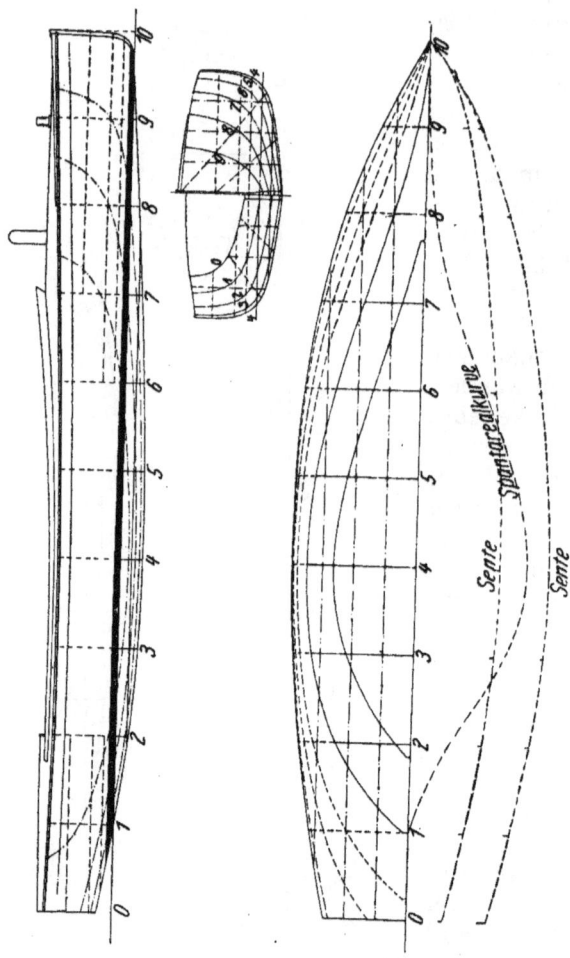

Abb. 12. Fertiger Linienriß.

kurve im Wasserlinienriß genannt, die schon zur Deplacementsrechnung gehört, auf die wir später zu sprechen kommen. Das fertige Bild eines Linienrisses mit der Ansicht des fertigen Decks zeigt dann Abb. 12.

Die vorstehende Beschreibung der Entstehung eines Linienrisses trifft auf ein rundspantiges Boot zu. Bei einer Kasten- oder

Spitzbodenscharpie ist der Werdegang etwas anders. Hier zeichnet man im Grundriß nicht die Form der C.W.L., sondern entwirft zunächst nach Festlegung des Deckstraks, des Kielstraks und der Deckslinie sowie des Hauptspantes den Spantenriß, indem man gleichzeitig den Kimmstrak im Aufriß in wechselseitiger Bestimmung mit dem Spantenriß, der ja durch den Kimmstrak ein charakteristisches Aussehen bekommt, festlegt. Ergibt die aus dem Spantenriß übertragene Kimmlinie auch im Grundriß einen harmonischen Verlauf, so ist der Spantenriß fertig. Da sowohl die Boden- als auch die Seitenspanten gerade Striche darstellen, so ist die Form des Bootes an allen Stellen festgelegt. Mithin ergibt sich die Form der C.W.L. rückwärts aus dem Spantenriß. Eine Änderung dieser Form ist nur möglich durch Änderung des Kielstraks, der Kimmlinie oder der Schandeckellinie. Ebenso können etwaige Schnitte nichts mehr zur Bereinigung der Form beitragen, weshalb man sie bei diesen Bootsformen meistens fortläßt.

Da die Kasten- und Spitzbodenscharpie nicht nach besonderen Mallen zusammengebaut werden, ihr Spantwerk die Gesamtheit der Bauspanten) vielmehr aus einzelnen gebauten Spanten besteht, so zeichnet man bei diesen Booten auch keine Konstruktionsspanten, sondern teilt die Länge des Bootes gleich so ein, daß die gezeichneten Spanten gleich den späteren Bauspanten, die dann zugleich als Mallen dienen, entsprechen (Abb. 1 und 2). Ein Grund mehr, weshalb kein besonderer Linienriß angefertigt wird,

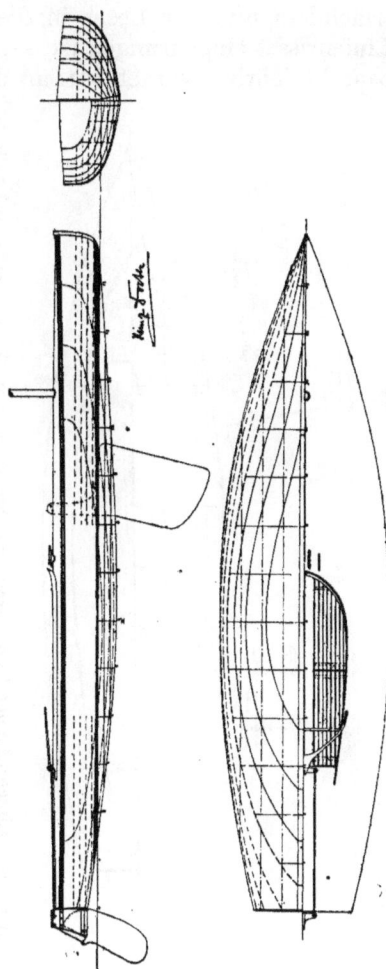

Abb. 13. Linienriß einer 10 qm-Rennjolle. Maßstab 1 : 60.

oder, besser gesagt, der Linienriß gleich zur Bauzeichnung erweitert wird.

2. Linienrisse ausgeführter Jollen.

Nachdem nun der Leser in die zeichnerischen Erfordernisse des Linienrisses eingedrungen ist, seien ihm, wie versprochen, noch ein paar Linienrisse vorgeführt, an denen er das Charakteristische der einzelnen Linienarten und ihren zwangsläufigen Einfluß aufeinander genau studieren kann.

Abb. 13 stellt den Linienriß einer 10 qm-Rennjolle dar, aus dessen Spantenriß hervorgeht, daß sie eine stark V-förmige Spantform hat. Und zwar ist diese V-Form besonders im Vorschiff bis fast in die obersten Wasserlinien durchgeführt, woselbst das Spant dann mittels einer kurzen Rundung in eine senkrechte Linie übergeht. Diese Spantform muß natürlich aus dem Aufriß und Grundriß ebenfalls zu erkennen sein. Dementsprechend laufen auch die Schnitte im Aufriß, besonders im Vorschiff, bis fast in die oberen Wasserlinien in einer zur Horizontalen verhältnismäßig steil ansteigenden Linie, entsprechend der steil ansteigenden Spantform, um dann ebenfalls mittels einer kurzen Rundung in die senkrechte Linie überzugehen. Um zunächst bei den Schnitten des Vorschiffes zu bleiben, vergleiche man hiermit die Schnitte der Abb. 14, bei welcher die V-förmigen Spanten mittels einer etwas größeren Rundung ebenfalls in die senkrechte Linie übergehen, aber infolge der geringeren V-Form wesentlich flacher verlaufende Schnitte hat, und Abb. 15, welche besonders

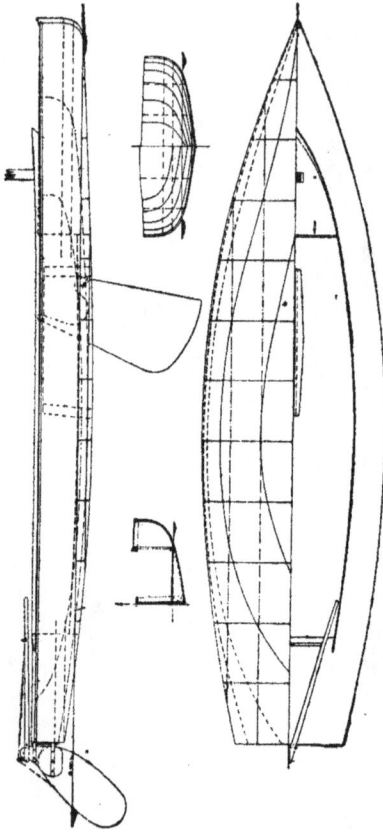

Abb. 14. Linienriß einer 15 qm-Rennjolle aus dem Jahre 1917. Maßstab 1 : 60.

26

charakteristische Schnitte auf Grund der kurzen unmittelbar über der C.W.L. liegenden Rundung zeigt.

Ganz anders der Linienriß nach Abb. 16. Hier bleiben die Spanten des Vorschiffes bis zum Deck V-förmig und zeigen nur eine leichte, in der C.W.L. liegende Rundung. Dementsprechend zeigen auch die Schnitte nur eine leichte Rundung in der C.W.L.

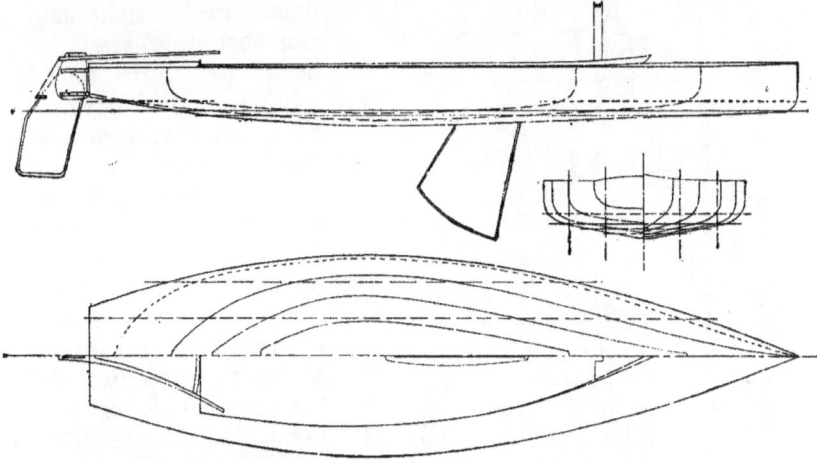

Abb. 15. Linienriß einer 15 qm-Wanderjolle. Maßstab 1 : 60.

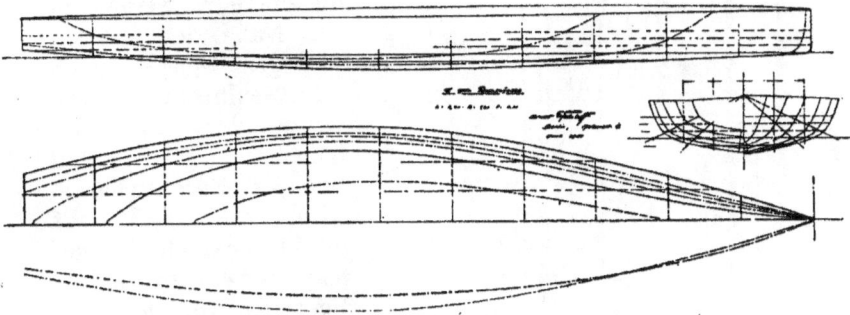

Abb. 16. Linienriß einer 15 qm-Rennjolle. Maßstab 1 : 60.

und bleiben dann bis zum Deck V-förmig. Dagegen zeigen die Vorschiffsspanten der Abb. 12 genau wie die Schnitte eine gleichmäßig runde Form.

Je ausgesprochener die V-Form, um so größer ist im Aufriß der senkrechte Abstand der einzelnen Schnitte voneinander am Hauptspant. Bei Abb. 17 ist daher dieser Abstand größer als bei Abb. 12—16. Bei ausgesprochenem U-Spant laufen die Schnitte an dieser Stelle fast in den Kielstrak ein (Abb. 18).

Beim Hinterschiff sieht man die Schnitte wieder entsprechend der Spantform in einer kleinen Rundung Abb. 13, in einer senkrechten Linie Abb. 15, in leicht gewölbter Form Abb. 12, 14 u. 17, und bei ausgesprochenem V-Spant Abb. 16 in gerader Linie auslaufen.

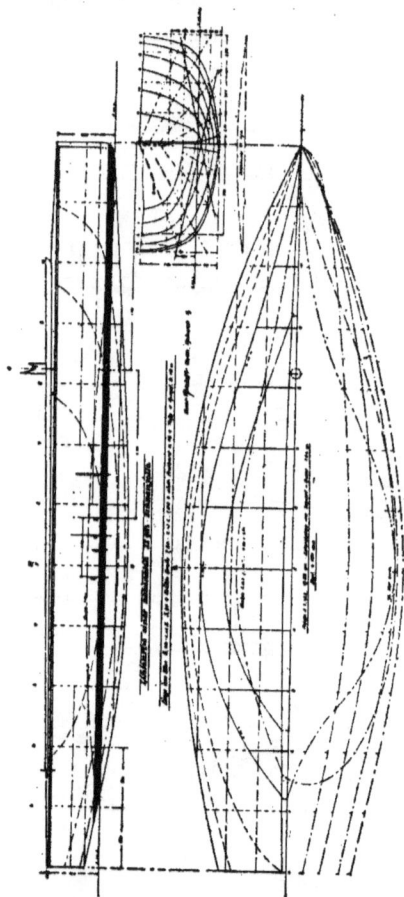

Abb. 17. Linienriß einer 22 qm-Binnenjolle. Maßstab 1 : 60.

Betrachtet man die entsprechenden Wasserlinienrisse, so sieht man zunächst die Wasserlinien des Hinterschiffes um so schräger in die Mittellinie einlaufen, je ausgeprägter das V-Spant ist. An Abb. 15 läßt sich dies besonders gut studieren. Hier ist der Einlauf der untersten Wasserlinie gleich hinter dem Hauptspant, das die größte V-Form besitzt, wesentlich schräger als derjenige der C.W.L. in der Nähe des weniger V-förmigen letzten Spantes, während die obere Wasserlinie in der Nähe des fast U-förmigen Spiegels auch fast senkrecht in die Grundlinie einläuft. Wir haben schon gesehen, daß bei der Kastenscharpie Abb. 1 dieser Einlauf direkt senkrecht ist, genau wie bei dem U-spantigen Entwurf Abb. 18.

Diese Verhältnisse sind deshalb im Hinterschiff aus dem Wasserlinienriß besser als im Vorschiff zu erkennen, als Kielstrak und C.W.L., durch welche die Form der Spanten in hohem Maße bedingt wird, meist einen gleichmäßig gewölbten Verlauf zeigen, während im Vorschiff durch die verschiedenartige Form der C.W.L. und des Kielstraks je nach der gewollten Spantform diese Verhältnisse schwerer zu erkennen sind. Hier erkennt man die Form der Spanten weniger aus der Neigung der Wasserlinie zur Mittellinie, als aus der Lage und dem Abstand der einzelnen Wasserlinien voneinander. Dementsprechend ist der Abstand der Wasserlinien in Abb. 13 ein fast gleichmäßiger, entsprechend der bis in die oberen Wasserlinien reichenden V-Form der Spanten. Im Hinterschiff ist der Abstand ein größerer, weil die Spanten infolge stärkerer Wölbung allmählicher aus der V-Form in die senkrechte Linie übergehen. Ähnliches gilt von Abb. 16. Hier weisen die dicht an der C.W.L. liegenden oberen Wasserlinien darauf hin, daß die V-Form bis ans Deck weitergehen muß.

Ganz anders bei Abb. 14 u. 15. Hier liegen im ersten Falle die oberen Wasserlinien, trotzdem sie im Spantenriß näher über

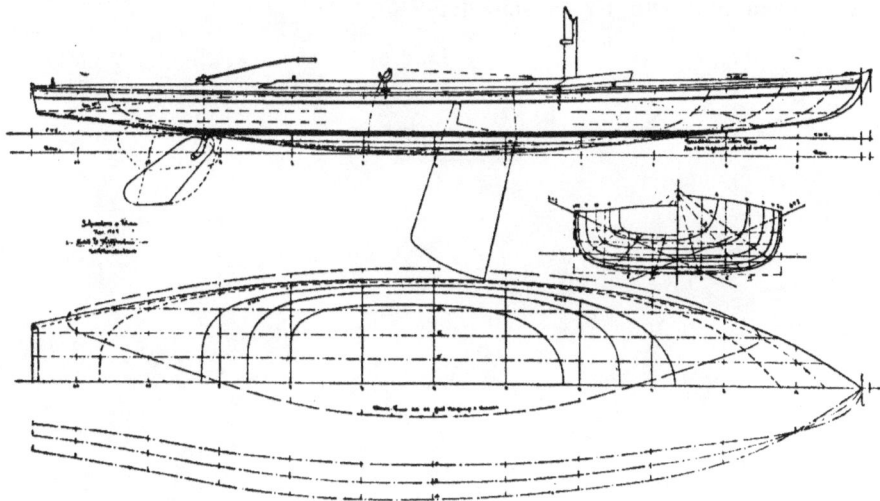

Abb. 18.   Linienriß einer 26 qm-Jolle.   Maßstab 1 : 60.

der C.W.L. liegen als unterm Deck, doch im Wasserlinienriß so dicht an der Deckslinie, daß kurz über der C.W.L. eine starke Rundung der Spantform vorliegen muß. Noch mehr ist dies bei Abb. 15 der Fall, wo die dicht über der C.W.L. liegende obere Wasserlinie im Wasserlinienriß schon fast mit der Deckslinie zusammenfällt. Dagegen weist die Lage der Wasserlinien in Abb. 12 wieder auf eine gleichmäßige Wölbung der Spantform hin.

. Wer sich an Hand des Gesagten nunmehr mit Linienrissen beschäftigen will, kann stundenlang sich der Betrachtung eines einzelnen Linienrisses hingeben und den Einfluß der einzelnen Linien aufeinander verfolgen. Er wird dann schließlich so in den Linienriß eingedrungen sein, daß er aus der vergleichenden Betrachtung von Aufriß, Grundriß und Spantenriß bestimmt die genaue Form erkennen wird und vor allen Dingen auch die Unterschiede gegenüber anderen Linienrissen, die doch immer wieder in Einzelheiten voneinander abweichen. Gerade das vergleichende Studium verschiedener Linienrisse fördert das Eindringen in die genaue Form ganz besonders. Dann erst kann er an die Beurteilung der einzelnen Linienrisse in bezug auf ihre voraussichtlichen Segeleigenschaften, Stabilitäts- und Geschwindigkeitsverhältnisse herangehen und schon eine eigene Meinung äußern, wenn es sich um die Bestellung eines Neubaues oder den Kauf eines fertigen Bootes handelt. Das Kapitel über die Konstruktionsverhältnisse des Jollenkörpers werden ihn weiter in diese Materie einführen und sein Urteil schärfen.

Die Konstruktionsverhältnisse der Segeljolle.

1. Bedeutung der Kleinsegelei.

Die Kleinsegelei, welche vor dem Kriege noch als ausgesprochenes Sondergebiet des Segelsportes angesehen wurde, hat in den letzten 10 Jahren eine so beispiellose Entwicklung, wenigstens in Deutschland, durchgemacht, daß sie heute schon als Hauptgebiet des Segelsportes betrachtet werden kann. Zu dieser zunächst rein zahlenmäßigen Entwicklung, zu welcher zum Teil natürlich auch die wirtschaftlichen Verhältnisse der Nachkriegsjahre, besonders der Inflationsjahre, beigetragen haben, hat in der Hauptsache auch die Erkenntnis unserer heutigen sportfreudigen Zeit geführt, welche in der Kleinsegelei ein geradezu ideales sportliches Betätigungsfeld für Körper und Geist erkannt und dementsprechend gepflegt hat. Man ist sich heute darüber klar, daß es kaum einen Sport gibt, der so wie die Kleinsegelei nicht nur körperliche Gewandtheit und Geschicklichkeit, Stählung des Willens und der Entschlußkraft fördert, nicht nur zu einer vollständigen Entspannung der Nerven und innigen Berührung mit der Natur und der reinen, staubfreien, die ultravioletten Strahlen der Sonne durchlassenden Luft unserer heimatlichen Seengebiete führt, sondern auch dem Geist in der erzwungenen Beobachtung des ewig veränderten Kräftespiels der Elemente Wind und Wasser eine Beschäftigung gibt, die von den Sorgen des Alltags fort und zur Natur zurücklenkt, welche sich nicht betrügen läßt, sondern die ehrliche Zusammenfassung aller Kräfte verlangt, sofern der Sieg des menschlichen Geistes über die ungebändigten Gewalten der Natur, das Ziel des Segelsportes, erreicht werden soll.

Wo ist der Sport, der sich im Kampf mit zwei Elementen übt, deren Beherrschung das Menschengeschlecht seit Jahrtausenden beschäftigt? Wo ist der Sport, bei dem der Kampf mit den Elementen so sehr Ziel des Sportes ist, daß der bei Regatten noch hinzukommende Kampf mit dem Gegner nur ein Spiel ist, das von jedem Segler abgebrochen werden muß, wenn dem Gegner etwas zustößt, um ihm in seinem Kampf mit Wind und Wellen, auch unter Einsetzung des eigenen Lebens, beizustehen? Bei

31

welchem anderen Sport kennt man diese ritterliche Einstellung der Gegner zueinander? Und diese schöne ethische Seite des Segelsportes ist um so wertvoller, als sie dem christlichen Gebot der Nächstenliebe entspringt und nicht nur bei Regatten, sondern überhaupt bei Ausübung des Segelsportes als ethische Forderung besteht und geübt wird.

Diese Auffassung vom Segelsport hat langsam überall Fuß gefaßt. Den Wert haben die Inflationsjahre gehabt, daß durch den enormen zahlenmäßigen Aufschwung der Sport in den breitesten Bevölkerungsschichten bekannt geworden ist, die nun um so weniger wieder davon lassen können, je weiter sie in den Geist und die Bedeutung des Segelsportes, für die Gesundung des deutschen Volkes eingedrungen sind. Denn die Inflationsjahre sind längst verrauscht, und doch sieht man heute noch dieselbe intensive Betätigung wie damals trotz der schwierigeren wirtschaftlichen Verhältnisse. Es muß also auch ein großer Fortschritt in der Wertschätzung des Kleinsegelsportes stattgefunden haben, der ihm hoffentlich eine stetige weitere Entwicklung bringen wird.

2. Konstruktive Entwicklung der Segeljolle.

Fast noch erfreulicher aber ist die rein konstruktive Entwicklung, welche die Segeljolle in den letzten 10 Jahren durchgemacht hat und die uns hier ja besonders interessiert. Auch diese Entwicklung hat erheblich zu dem jetzigen hohen Stande der Kleinsegelei beigetragen und daneben eine Klärung der Verhältnisse gebracht, wie man es wohl immer gewünscht, aber nicht erwartet hatte. Man denke nur daran, daß vor dem Kriege neben den reinen Rennjollen wohl noch mehr oder weniger brauchbare Gebrauchsboote bestanden, daß aber z. B. der Begriff der Wanderjolle noch ein heiß umstrittenes Gebiet war, das heute durch zweckmäßige und erprobte Bauvorschriften längst zu einem bedeutenden Faktor im deutschen Kleinsegelsport geworden ist und noch immer weiter ausgebaut wird. Daneben ist die Gefahr der Zersplitterung, welche dem Kleinsegelsport durch die von einigen Vereinen gepflegte Segelgig, dieses Bindeglied zwischen Ruderboot und Segeljolle, drohte, endgültig gebannt. Die reine Segeljolle hat dank ihrer konstruktiven Durchbildung den endgültigen Sieg davongetragen, und die Segelgig ist fast ganz fallen gelassen worden. Somit sind wir heute bei ganz klaren und einfachen Verhältnissen angelangt, und es bedarf nur der Besprechung der Renn- und der Wanderjolle.

Betrachtet man sich nun die Rennjollentypen etwa der Jahre 1908—1912, Abb. 18, so sieht man noch deutlich die Nach-

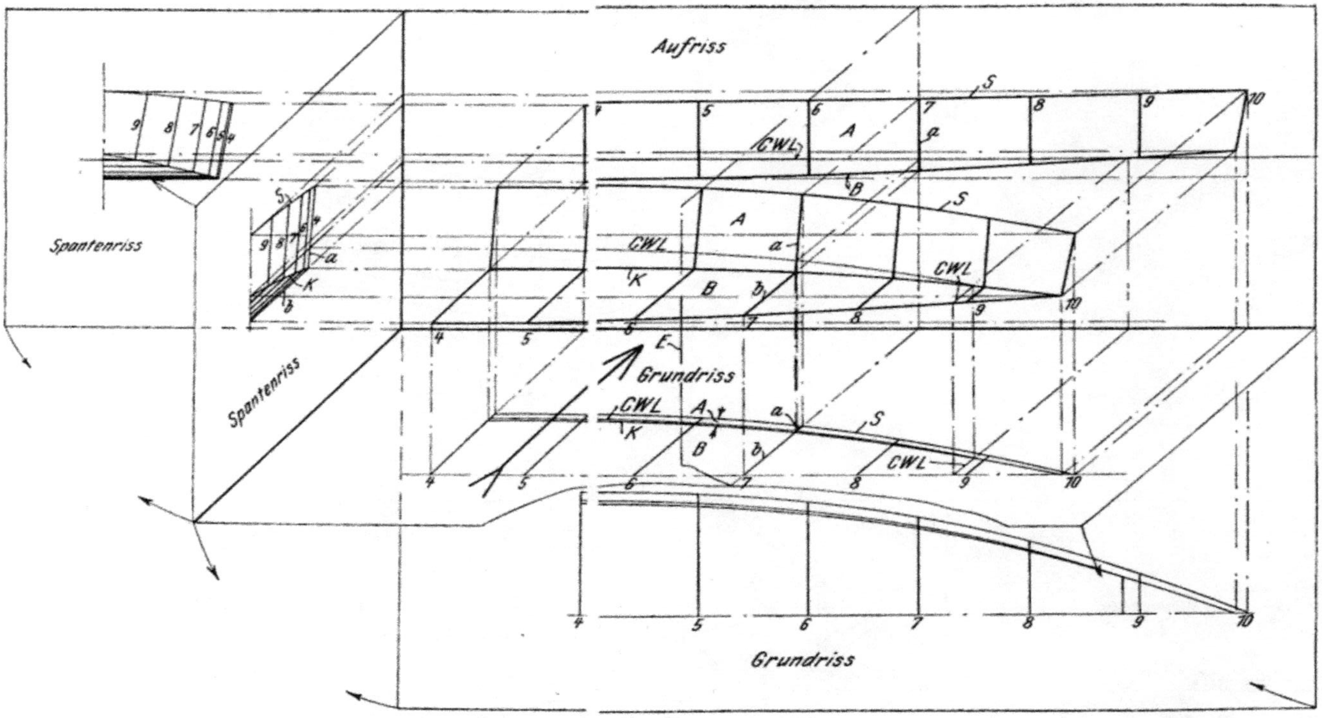

Tafel I. Vorschiff einer Kastenscharpie, ohne Deck. Backbordseite.

Tafel I.

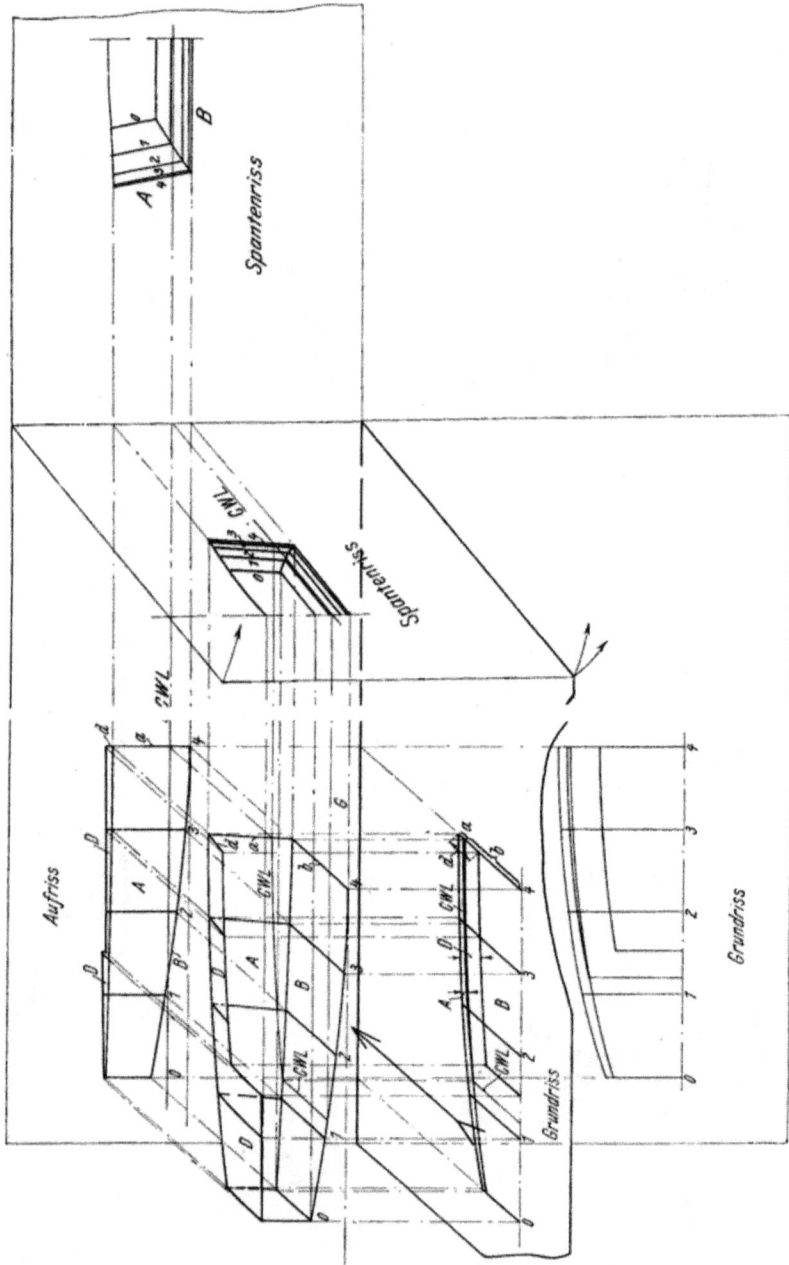

Spantenriss

Spantenriss

Aufriss

Grundriss

Grundriss

Tafel II. Hinterschiff einer Kastensch arpie, mit Deck. Backbordseite.

Tafel II.

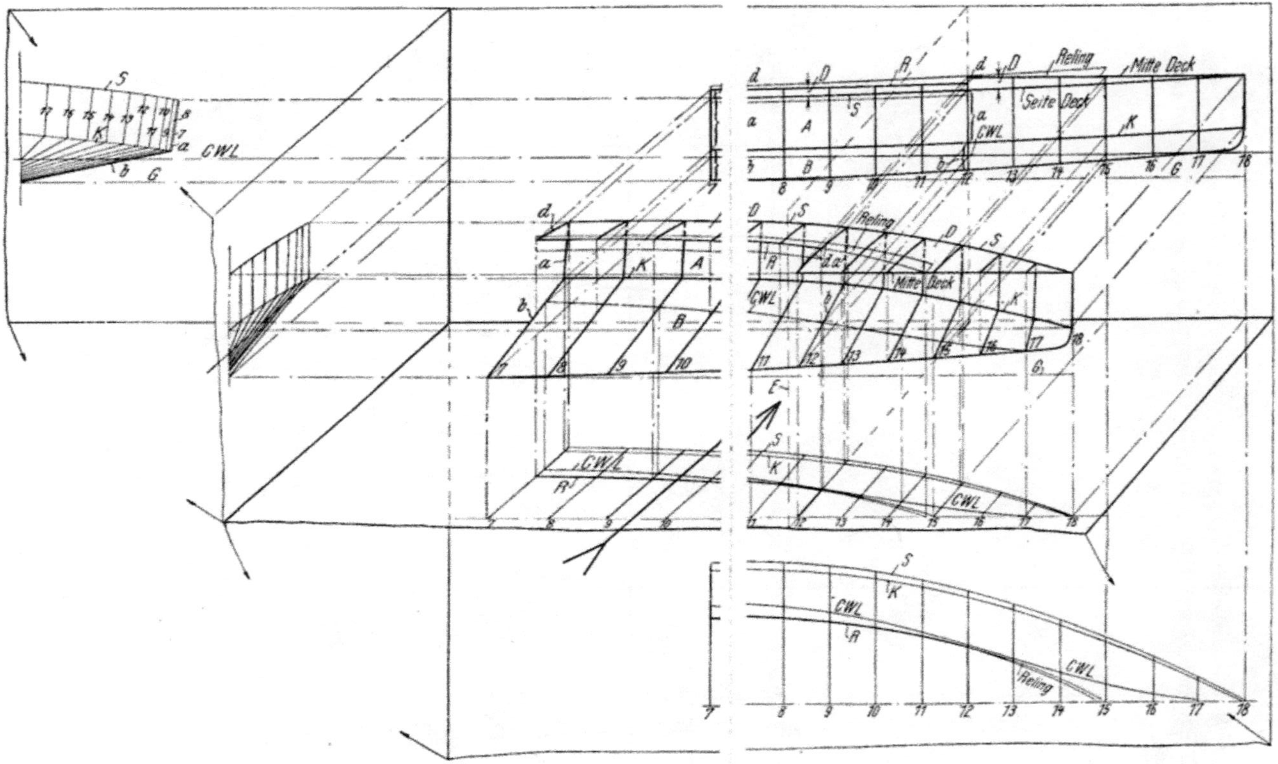

Tafel III. Vorschiff einer Spitzbootlose   harpie, mit Deck. Backbordseite.

Tafel III.

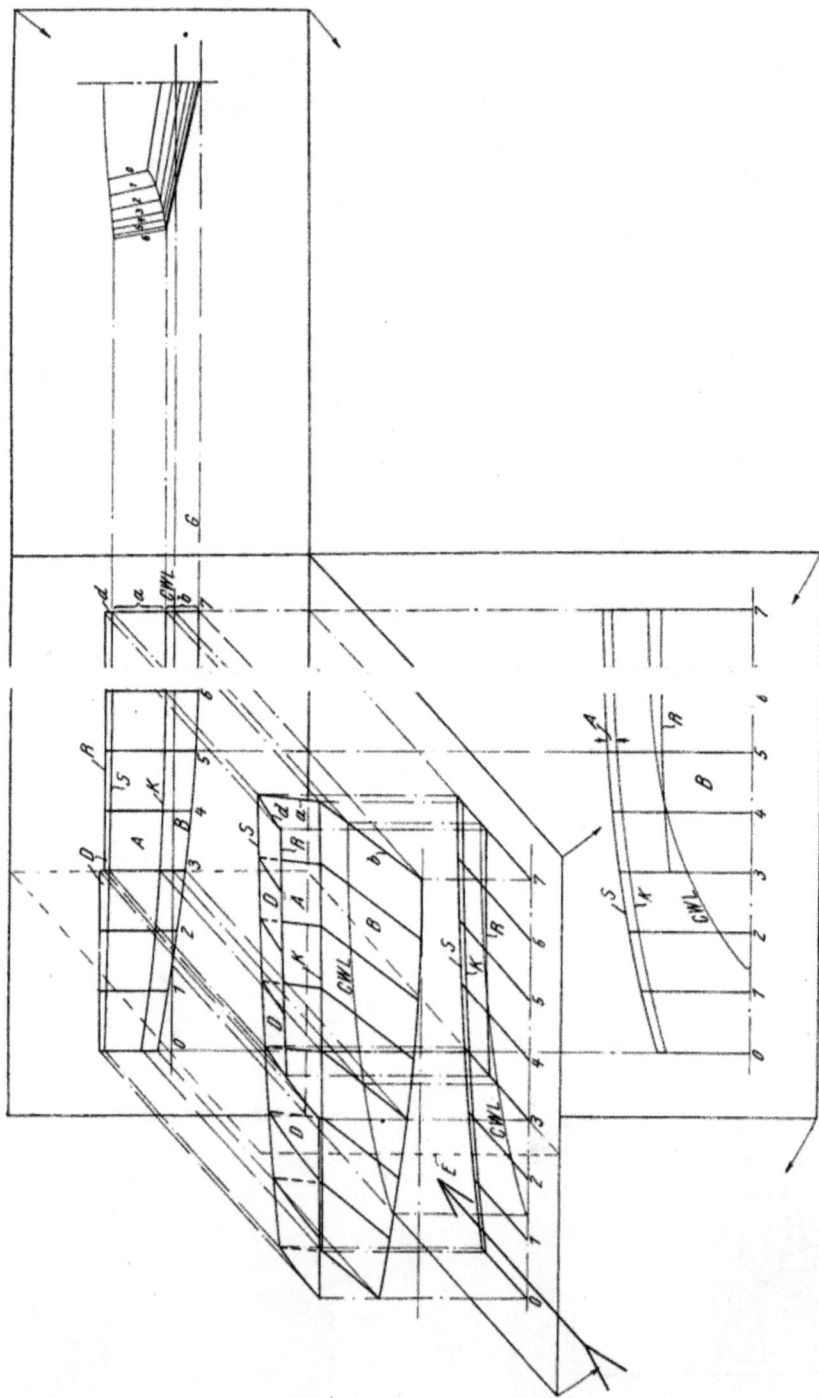

Tafel IV. Hinterschiff einer Spitzboden scharpie, mit Deck. Backbordseite.

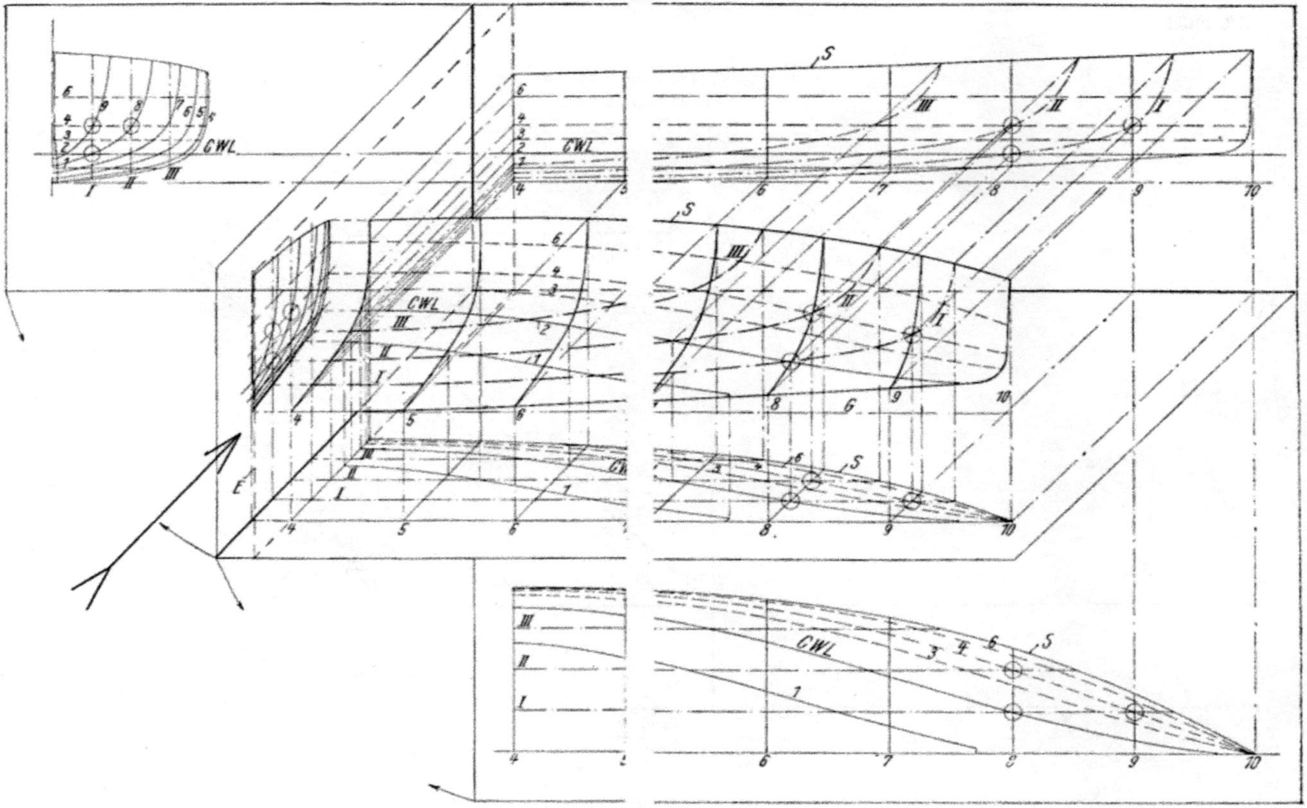

Tafel V. Vorschiff einer rundspantiger Jolle, ohne Deck. „Backbordseite.

Tafel V.

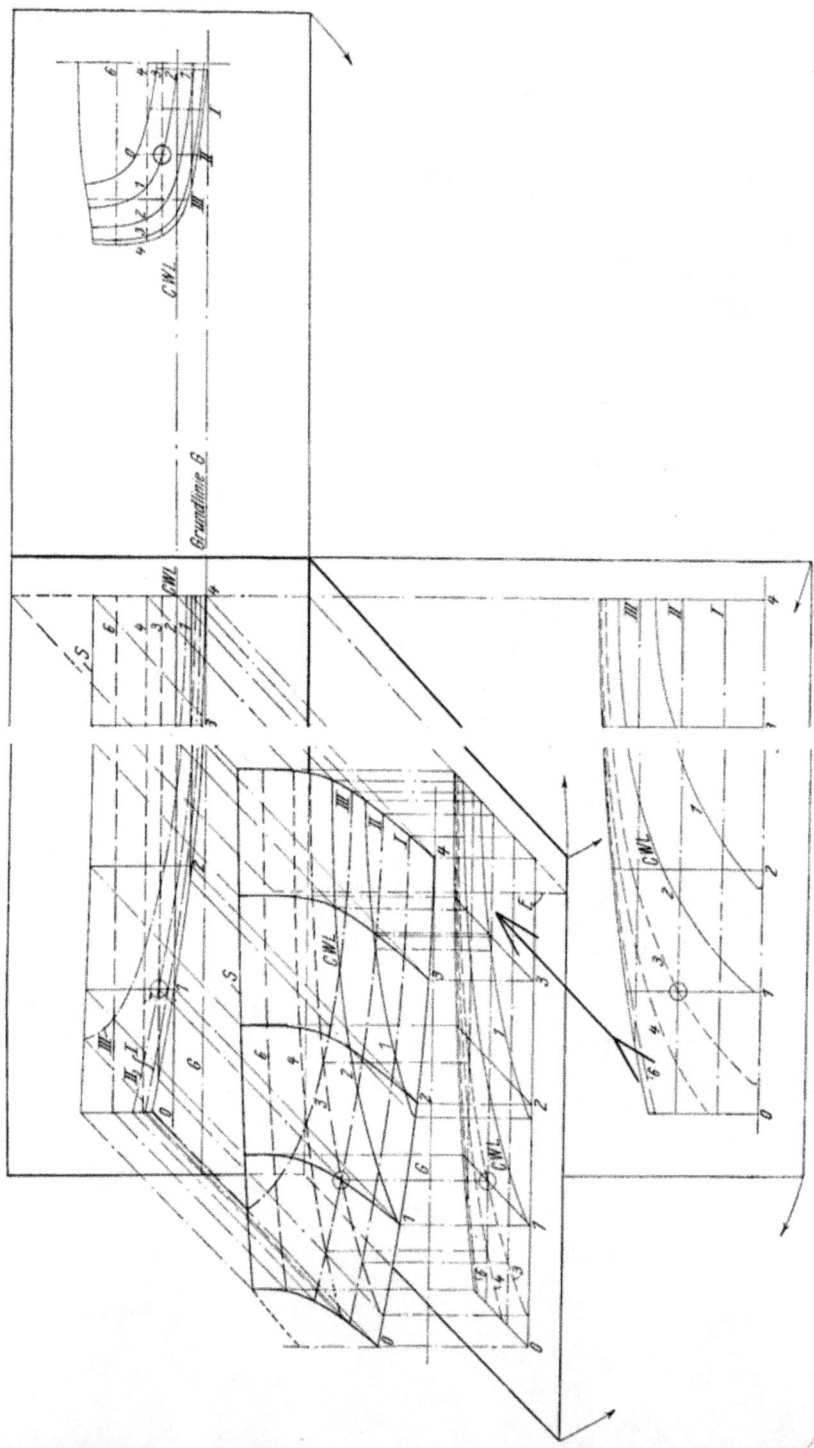

Tafel VI. Hinterschiff einer rundspanti- gen Jolle, ohne Deck. Backbordseite.

Tafel VI.

ahmung der Formgebung größerer Jachten. Aber nicht nur die langen Überhänge sind es, die diesen Jollen ihr charakteristisches Aussehen geben, sondern auch der flache Boden mit den U-förmigen Spanten. Gegen das Jahr 1912 sind dann die Überhänge verkürzt und das U-Spant gemäßigt worden, da man nun wohl doch die Eigenart der Jolle und die Notwendigkeit einer individuellen Behandlung erkannt hatte.

Abb. 19 gibt einen der modernsten Risse aus dem Jahre 1912, bei dem deutlich noch die Vorliebe für das flache gemäßigte U-Spant erkennbar ist, aber die Überhänge schon verschwunden sind. Wer sich einmal die zweite Auflage der „Segeljolle" hernimmt, wird erstaunt sein, wie sehr sich sämtliche Risse jener Jahre in dieser Beziehung ähneln und alle Möglichkeiten zwischen den in Abb. 18 u. 19 gezogenen Grenzen erschöpfen. In dem Buch ist, von einer Spitzbodenscharpie abgesehen, kein Boot mit im Vorschiff hohlen Wasserlinien und nur sehr wenige Boote, bei denen das Ruder schon über Heck angeordnet ist. Dann aber wurde durch die scharpieartige Form der „Wera III", die damals als ganz abwegiges Boot galt, die

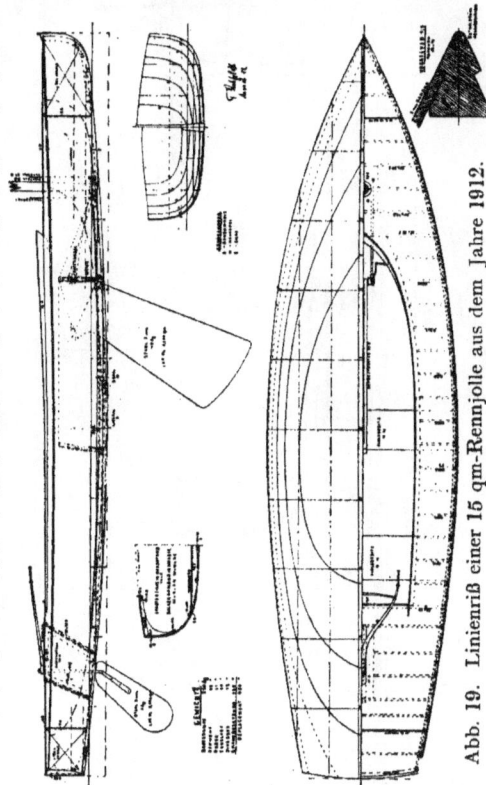

Abb. 19. Linienriß einer 15 qm-Rennjolle aus dem Jahre 1912. Maßstab 1 : 60.

Aufmerksamkeit der Konstrukteure vom U-Spant abgelenkt und dem V-Spant zugeführt, das sich bis heute behauptet hat, während rein U-spantige Boote heute überhaupt nicht mehr gebaut werden.

Ein schönes Beispiel eines gemäßigten V-spantigen Bootes zeigt Abb. 14, die Harmsche „Ulla", die lange Zeit eines der schnellsten Boote war. Andere V-spantige Boote aus derselben

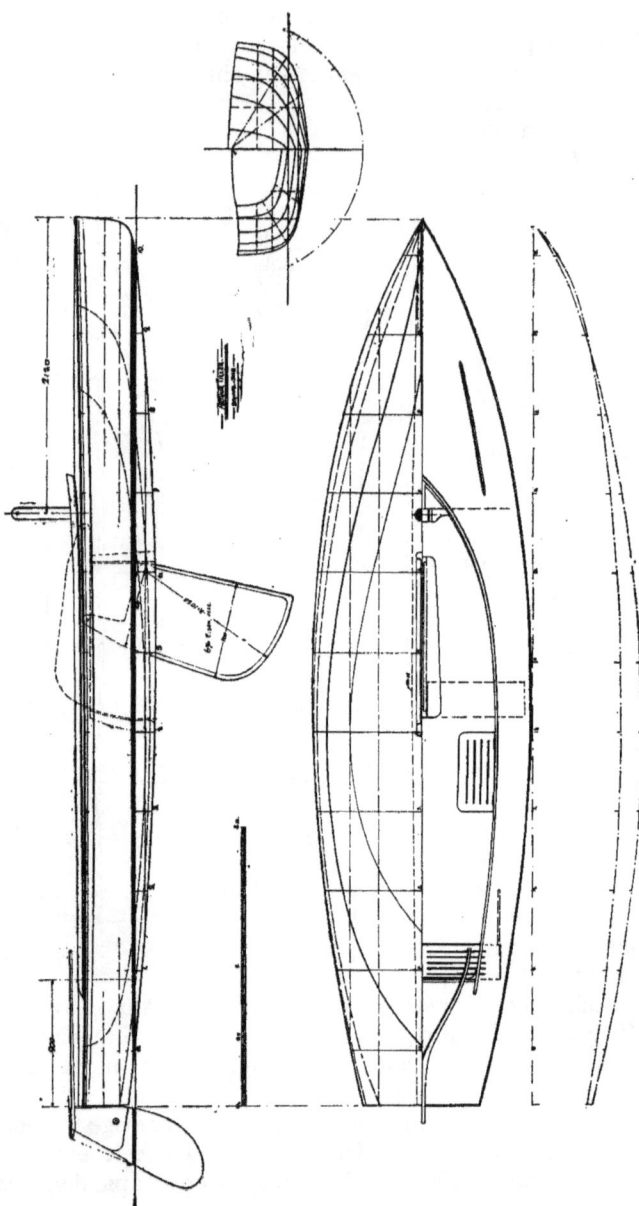

Abb. 20. Linienriß einer 15 qm-Rennjolle, 1924. Maßstab 1 : 50.

Zeit, den letzten Kriegs- und ersten Nachkriegsjahren, zeigen die Abb. 13, 15, 16.

Von diesen Rissen zeigt die Abb. 15 schon einen Ansatz zu weiterer Entwicklung. Betrachtet man nämlich die anderen Boote, so kann man leicht feststellen, daß das Hauptspant sich ungefähr in der Mitte der ganzen Bootslänge an der Stelle der größten Wasserlinien- und Decksbreite und zugleich dem tiefsten Punkt des Kielstraks befindet. Dies ist zwar bei dem Riß nach Abb. 15 auch noch der Fall, das Hauptspant selbst ist aber im Interesse eines schärferen Vorschiffes weiter nach hinten gerückt und, was besonders interessiert, die Spantform des Hinterschiffes geht vom V-Spant in ein ausgesprochenes U-Spant über. Einen Schritt weiter in dem Bestreben, ein schlankes Vorschiff mit einem, allerdings noch gemäßigten, U-spantigen Hinterschiff zu verbinden, zeigt der Riß nach Abb. 20. Hier ist die Stelle der breitesten Wasserlinie nicht mehr mit dem Punkt der breitesten Deckstelle und dem tiefsten Punkt des Kielstraks zusammengelegt. Und mit diesem Riß Tillers aus dem Jahre 1924 beginnt dann eine neue Entwicklung der Rennjollen zunächst in der 15 qm-Klasse, die schon als ausgebaut galt, aber trotzdem von Jahr zu Jahr immer wieder schnellere Boote herausbrachte, und jetzt ist dieses Konstruktionsprinzip in ausgesprochener Form auch in allen anderen Jollenklassen durchgeführt. In extremster Weise zeigt schon im Jahre 1925 die 15 qm-Rennjolle „Liebelei II", die Punktpreisgewinnerin sowohl der Frühjahrswoche als auch der Herbst-

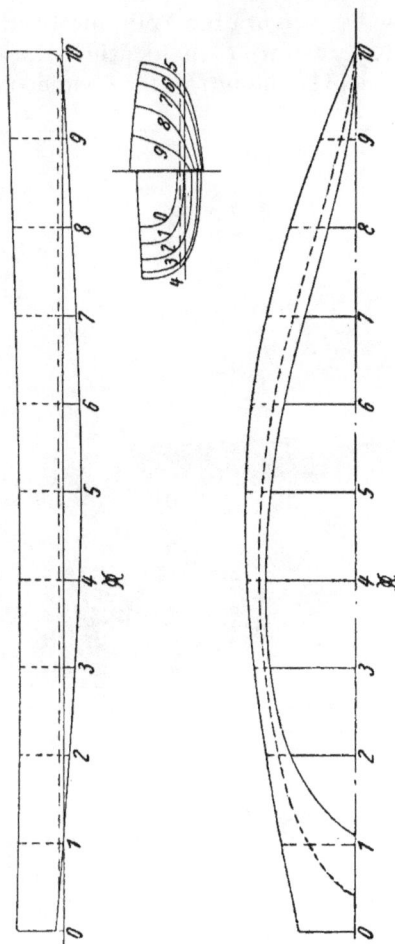

Abb. 21. Linienriß einer 15 qm-Rennjolle, 1925. Maßstab 1 : 60.

woche 1925 des Deutschen Seglerverbandes, dieses Prinzip, wie es in Abb. 21 ganz kraß zum Ausdruck kommt. Hier ist das ausgesprochene V-Spant bis in die Mitte durchgeführt, um dann in ein eben so ausgesprochenes U-Spant überzugehen. Es handelt sich also mit anderen Worten bei diesem Prinzip um einen Prahm mit aufgesetzter langer Spitze. Wie sehr hier der Konstrukteur (Drewitz) dem uralten Prahmproblem eine neue Seite abzugewinnen sucht, erkennt man deutlich aus der Abb. 22, welche die „Liebelei II", in aufrechter Lage hoch am Winde segelnd, mit nach

Abb. 22. 15 qm-Rennjolle „Liebelei II" (1925).

achtern gesetzter Mannschaft zeigt. Der lange schlanke Wasseranlauf erstreckt sich bis zur Mitte des Bootes, um dann unter dem Boote hinweg ohne Möglichkeit zur Bildung einer starken Heckwelle abzufließen. Das Jahr 1926 aber baut dieses Prinzip schon wieder weiter aus.

Aber wir sind hier schon in Probleme und Entwicklungsstadien geraten, unter denen sich die meisten Leser noch nichts vorstellen können. Und es ist nicht so leicht, über diese Entwicklung zu sprechen und vor allen Dingen die tiefere konstruktive Bedeutung der verschiedenen Bootsformen für die Geschwindigkeits- und Stabilitätsverhältnisse zu beleuchten, so lange der Leser über die einfachsten Begriffe wie Auftrieb und Deplacement,

Form- und Gewichtsstabilität, Winddruck und Wasserwiderstand usw. nichts oder wenig weiß.

Da es sich hier aber um Begriffe handelt, deren Kenntnisse zu dem Wissensgebiet jedes ernsthaften Seglers gehören, so werde ich versuchen, nun zunächst eine möglichst einfache Darstellung dieser Begriffe zu geben.

3. Elemente des theoretischen Schiffbaues.

1. Der Begriff der Kraft.

Bekanntlich sind alle auf der Erde befindlichen Körper der Schwerkraft der Erde unterworfen. Das Wort Schwerkraft enthält das Gesetz der Schwere und den Begriff der Kraft. Nach dem Gesetz der Schwere übt jeder am freien Fall verhinderte Körper auf Grund der Anziehungskraft der Erde gegen seine Unterlage einen Druck aus, der als sein Gewicht oder seine Schwere bezeichnet wird. Oder wenn er frei im Raume hängt, übt er auf Grund seiner Schwere einen eben so großen Zug aus gegen seine Befestigungsstelle. Druck, Zug und Gewicht sind also identische Begriffe, und zwar sind es die äußerlichen Merkmale einer vorhandenen Kraft, die selbst nicht meßbar ist, sondern nur auf Grund ihrer Wirkung als Zug- oder Druckkraft in g oder kg, der Einheitsbezeichnung für das Gewicht, gemessen werden kann. Wenn also die Anziehungskraft der Erde auf einen Liter Wasser eine Kraft von einem kg ausübt, so stellt sich uns diese Kraft als Gewicht dar. Es ist also gleichgültig, ob man von Schwere oder Schwerkraft, von Druck und Zug oder Druck- und Zugkräften spricht. Die Kraft selbst äußert sich lediglich durch die Richtung, in welcher sie wirkt, und ist immer durch ein entsprechendes, in derselben Richtung wirkendes Gewicht zu ersetzen. Kraft und Gewicht sind also auch identische Begriffe und können sich gegenseitig ersetzen.

2. Der Begriff der Masse.

Durch den Druck eines Körpers gegen seine Unterlage wird in der Berührungsfläche mit letzterer ein Gegendruck erzeugt, welcher genau so groß wie das Gewicht des Körpers, aber entgegengesetzt gerichtet ist. Der Körper ist dann in der Ruhelage oder Gleichgewichtslage. Entzieht man aber einem Körper seine Unterstützungsfläche, so daß also keine dem Gewicht des Körpers entgegengesetzt gerichteten und gleich großen Kräfte mehr vorhanden sind, so wird die auf den Körper wirkende Kraft sofort sichtbar, da der Körper sich nun in Richtung dieser Kraft, also zum Erdmittelpunkt, in Bewegung setzt Wir wissen alle, daß der Körper unter der dauernden Wirkung dieser Kraft bei uns eine Fallbeschleunigung von 9,81 m pro Sekunde erhält. Bedenkt man nun, daß die Anziehungskraft der Erde allen Körpern, ganz gleich aus welchem Material sie bestehen, an derselben Stelle der Erde dieselbe Fallbeschleunigung gibt (abgesehen natürlich von den Widerständen der Medien, in denen sich die Körper gerade befinden, wie z. B. Luft, Gase, Wasser und sonstige Flüssigkeiten), daß aber die aufzuwendende Kraft, um allen Körpern dieselbe Beschleunigung zu geben, ganz verschieden ist, was ja in den verschiedenen Gewichten der Körper, die ja gleichbedeutend sind mit dieser Kraft, zum Ausdruck kommt, so besteht also für jeden gegebenen Körper ein ganz bestimmtes, unveränderliches Verhältnis zwischen der wirkenden Kraft und der von ihr hervorgerufenen Beschleunigung. Um ein cdm Wasser die Fallbeschleunigung von 9,81 m pro Sekunde zu geben, bedarf es einer Kraft von 1 kg. Um 1 cdm Eisen dieselbe Beschleunigung zu geben, bedarf es einer Kraft von 7,86 kg, entsprechend dem spezifischen Gewicht von Wasser und Eisen. Das spezifische Gewicht ist bekanntlich das Gewicht eines ccm des betreffenden Stoffes in g oder eines cdm in kg. Dieses wichtige Verhältnis der wirkenden Anziehungskraft der Erde zu der von ihr erzeugten Erdbeschleunigung nennt man die Masse des Körpers.

Das ist ein sehr schwieriger Begriff, bei dem wir noch etwas verweilen müssen, weil man sich unter der Masse eines Körpers meistens etwas ganz anderes vorstellt, als es in Wirklichkeit ist. Die Masse hat nichts mit der Dichte oder der Struktur eines Stoffes zu tun, noch darf sie mit der vorhandenen Menge eines Stoffes verwechselt werden. Denn wenn ich einen vorhandenen Körper auf die Hälfte seines Volumens zusammenpresse, so hat sich wohl die Dichte des Körpers und sein spezifisches Gewicht verändert, die Masse ist aber unverändert geblieben, da sich das Gewicht des Körpers und die Fallbeschleunigung nicht verändert haben. Und ob ich 1 cdm Eisen im Gewicht von 7,86 kg habe oder 7,86 cdm Wasser von demselben Gesamtgewicht aber ganz anderem spezifischem Gewicht und ganz anderer Struktur, so ist die Masse in beiden Fällen dieselbe. In einer allgemeinen Formel ausgedrückt ist

$$\text{Masse} = \frac{\text{Gewicht}}{\text{Erdbeschleunigung}}, \quad M = \frac{G}{g} \qquad (1)$$

oder

$$\text{Gewicht} = \text{Masse} \times \text{Erdbeschleunigung}, \quad G = M \times g \qquad (2)$$

Aus dieser allgemeinen Schreibweise geht aber nicht hervor, daß die Masse eines Körpers gleich dem 9,81 ten Teil seines Gewichtes oder abgerundet gleich $^1/_{10}$ seines Gewichtes ist, sondern der Begriff der Masse ist nur eine Rechnungsgröße, unter der man sich zunächst nichts vorstellen kann. Denn Masse ist der Quotient aus einem Gewicht in Kilogramm und einer Wegstrecke in Metern pro Sekunde, was keine vorstellbare physikalische Größe wie z. B. kg oder m ergibt.

$$\text{Masse} = \frac{G \ kg}{g \ m/sec}. \tag{3}$$

Will man sich unter der Masse eines Körpers etwas vorstellen, dann ist der Begriff des Gewichtes insofern angebracht, als die Rechnungsgröße Masse um so größer ist, je größer das Gewicht ist. Aber Gewicht und Masse ist nicht dasselbe, weil es eben ganz verschiedene Begriffe sind. Ein Beispiel soll dies erläutern. Vorher müssen wir noch einmal zur Formel 2 zurückkehren. In dieser Formel kann das Wort Gewicht durch das Wort Kraft ersetzt werden. Und wenn wir sehen, daß durch eine auf einen Körper wirkende Kraft, wie es hier die Schwerkraft der Erde tut, die wie jede andere Kraft wirkt, dem Körper eine beschleunigte Bewegung erteilt wird, so kann angenommen werden, daß auch jede andere auf einen Körper wirkende Kraft (Steinwurf, Geschoßkugel) dem Körper eine beschleunigte Bewegung erteilt, die abhängig ist von der Größe dieser Kraft und der Masse des Körpers. Somit heißt die Formel 2 jetzt ganz allgemein:

$$\text{Kraft} = \text{Masse} \times \text{Beschleunigung} \tag{4}$$

und bedeutet mit anderen Worten: J e d e v o r h a n d e n e auf i r g e n d e i n e n K ö r p e r w i r k e n d e K r a f t von b e s t i m m t e r G r ö ß e e r t e i l t d i e s e m K ö r p e r e i n e um so g r ö ß e r e B e s c h l e u n i g u n g, j e g e r i n g e r s e i n e M a s s e, a l s o d a s V e r - h ä l t n i s s e i n e s G e w i c h t e s z u r F a l l b e s c h l e u n i g u n g i s t u n d e i n e um so k l e i n e r e B e s c h l e u n i g u n g, j e g r ö ß e r s e i n e M a s s e i s t. Auf das Segelboot übertragen, würde also die Kraft des Windes, die auf das Segel wirkt, dem Boot eine bestimmte Beschleunigung erteilen, je nachdem wie groß seine Masse ist. Eine 15 qm-Rennjolle von 300 kg Gewicht (mit Mannschaft) würde also bei derselben Windstärke eine größere Beschleunigung erfahren als eine 15 qm-Wanderjolle von 500 kg Gewicht, da die Masse im ersteren Falle kleiner ist als im zweiten Fall, und das Produkt aus Masse und Beschleunigung wieder dieselbe Kraft ergeben muß. Natürlich treten dieselben Verhältnisse auch bei der Krängung des Bootes durch den Wind ein. Auch hier wird die Wanderjolle infolge ihrer größeren Masse langsamer übergeneigt als die Rennjolle.

Gewicht und Masse sind also insofern analoge Begriffe, als man den Begriff des Gewichtes in dem Augenblick durch den Begriff der Masse ersetzt, wo ein Körper aus dem Ruhezustand in den der Bewegung übergeht. Man spricht nicht von der Masse eines ruhenden Körpers und nicht von dem· Gewicht eines bewegten Körpers. Denn ein durch irgendeine Kraft bewegter Körper übt, solange er frei im Raume schwebt, überhaupt kein Gewicht oder Druck aus, sondern erst im Augenblick des Zusammentreffens mit einem anderen Körper übt er eine Wirkung aus, die abhängig ist von der Geschwindigkeit, welche der Körper in diesem Augenblick hat, und dem Verhältnis seines Gewichtes zur Erdbeschleunigung, da die Anziehungskraft der Erde, wie wir gesehen haben, auf jeden in Bewegung befindlichen Körper noch einen besonderen Einfluß ausübt und ihn in der durch die andere Kraft erzeugten Bewegung beeinflußt. Dieses besondere Verhältnis haben wir aber mit Masse bezeichnet, und deshalb übt jeder bewegte Körper eine Massenwirkung und jeder ruhende Körper eine Gewichtswirkung aus.

Wie falsch es ist, bei dem Begriff der Masse etwa an den Begriff der Menge eines vorhandenen Stoffes zu denken, zeigt deutlich die Betrachtung der Wirkung des Windes auf ein Segel. Da ja auch der Wind ein bewegter Körper ist, so übt er keine Gewichts- sondern eine Massenwirkung aus, die von der Masse des Windes und seiner Geschwindigkeit abhängt. Die Masse des Windes errechnet sich wie bei jedem anderen Körper. Da man die Menge der Luft in cbm mißt und das Gewicht von 1 cbm Luft von 0⁰ Temperatur und 760 mm Barometerstand unter Voraussetzung vollkommener Trockenheit = 1,293 kg beträgt, so ist die Masse von 1 cbm Luft = $\dfrac{1{,}293 \text{ kg}}{9{,}81 \text{ m/sec}}$. Das Gewicht kann aber innerhalb der möglichen Temperaturen und Luftdrücke um 15% schwanken, welche Zahl sich noch ganz wesentlich erhöht, wenn noch Luftfeuchtigkeit hinzutritt. Die Wirkung des Windes kann also bei derselben am Segel entlang streichenden Luftmenge in cbm ganz verschieden sein, je nachdem wie groß das Gewicht der Luft und damit die Masse ist. Andererseits ist es unkorrekt, von den am Segel entlang streichenden Luftmassen wie überhaupt von bewegten Massen zu sprechen. Denn wenn Masse kein physikalischer Begriff ist, so kann sie sich auch nicht bewegen. Man kann also nur von der Masse bewegter Körper sprechen. „Die Wirkung des Windes ist um so größer, je größer die Masse der am Segel entlang streichenden Luftmenge ist." Die Masse ist durchaus nicht proportional dieser Luftmenge. Wir sprechen trotzdem aber auch von einfachem Druck des Windes gegen die

Segelfläche, da dieser Druck ja auch die Folge einer Massenwirkung sein kann.

Dies ist natürlich alles nur richtig, solange wir uns in unserm üblichen technischen Maßsystem bewegen, in dem 1 kg die Einheit des Gewichtes und nicht die Einheit der Masse ist, wie es dies im physikalischen oder absoluten Maßsystem der Fall ist. In diesem Maßsystem hat 1 cdm Wasser nicht 1 kg Gewicht, sondern 1 kg Masse, eine physikalische in kg meßbare Größe, so daß die Physiker das Recht haben, von bewegten Massen zu sprechen. Dieses absolute Maßsystem wird vielleicht noch mal ganz allgemein verwendet werden, da mit der beim Abwiegen eines cdm Wassers mit 1 bezeichneten Größe ja ganz offenbar die Masse des Körpers gekennzeichnet ist und nicht sein Gewicht. Denn wenn alle Körper der Erdoberfläche der Anziehungskraft der Erde unterliegen, und diese Kraft mit der Entfernung vom Erdmittelpunkt abnimmt, dann übt dieselbe infolge der Abplattung der Erde auf die Körper an den Polen eine stärkere Wirkung aus als am Äquator. Dementsprechend nimmt das wirkliche Gewicht und die Fallbeschleunigung irgendeines Körpers, also auch eines cdm Wassers, von den Polen nach dem Äquator zu in gleicher Weise ab, so daß das Verhältnis des Gewichts zur Beschleunigung immer dasselbe bleibt. Wenn also nach den Bestimmungen des alten Maßsystems das Gewichtsstück, das einem cdm Wasser an einem beliebigen Punkt der Erde das Gleichgewicht hält, mit 1 kg bezeichnet werden soll, dann ist damit nicht das wirkliche Gewicht gemessen, sondern es ist die überall gleiche Masse eines cdm Wassers mit 1 bezeichnet und damit die Einheitsgröße der Masse festgelegt. Würde man ein Gewichtsstück, das an den Polen einem cdm Wasser das Gleichgewicht hält, zum Äquator bringen, so würde es auch hier einem cdm Wasser das Gleichgewicht halten, da die Abnahme der Anziehungskraft der Erde ja auf beide Körper gleichmäßig wirkt. Würde man dieses Gewicht an den Polen aber mit einer Wage, die nicht durch die Anziehungskraft der Erde beeinflußt wird, etwa durch die Spannung einer Feder messen, so würde dasselbe Gewicht am Äquator derselben Feder nicht mehr dieselbe Spannung erteilen können. So ist festgestellt, daß das wirkliche Gewicht aller mit 1 kg bezeichneten Gewichtstücke an allen Orten verschieden ist, so daß mit dieser Bezeichnung nicht die Einheit des Gewichtes, sondern diejenige der Masse gekennzeichnet sein kann.

Ich habe bei dem Begriff der Masse und des bewegten Körpers etwas länger verweilt, weil es sich hier um Beziehungen und Gesetze handelt, denen wir täglich begegnen, da wir selbst ja auch dem Gesetz der Schwere unterworfen sind, und die deshalb jedem

Menschen bekannt sein müßten. Sie sind so wichtig, daß man die Formel 4 das dynamische Grundgesetz der Mechanik nennt, auf dem sich die ganze Bewegungsmechanik aufbaut. Und Bewegung resp. Geschwindigkeit ist ja das, was wir mit unseren Segelbooten erreichen wollen, so daß wir an diesen Grundbegriffen der Bewegungsmechanik nicht ganz achtlos vorübergehen dürfen, wenn wir uns über die Zusammenhänge zwischen Winddruck und Bootsbewegung als Ursache und Wirkung klar werden wollen.

Es genügt aber, wenn der Leser sich nach dem Gesagten ein einigermaßen klares Bild von den hier behandelten Begriffen machen kann, um die Zusammenhänge zwischen Kraft und Bewegung gefühlsmäßig richtig erfassen zu können. An eine rechnerische Behandlung dieser Materie braucht er nicht heranzugehen.

Wer mehr wissen will über die Wirkung eines bewegten Körpers, merke sich, daß dieselbe ihren Ausdruck findet in der Formel

$$\text{Leistung} = \frac{1}{2} \, m \, v^2 \tag{5}$$

wo m wieder die Masse des Körpers und v die Geschwindigkeit in Metern pro Sekunde ist. Auch diese Formel ist von grundlegender Bedeutung. Wie praktisch die Kenntnis dieser Formel ist, wird jedem Segler ohne weiteres klar sein, der schon mal mit seinem Segelboot seinem eigenen Bootssteg eine ebenso „grundlegende" Veränderung beigebracht hat. Denn jetzt braucht er dieses Experiment nicht mehr zu machen, er kann es rechnerisch erfassen, was für ihn vorteilhafter ist. Fährt er mit einer 15 qm-Wanderjolle von 500 kg Gewicht (eine Rennjolle müßte entsprechend verstärkt werden) und einer Geschwindigkeit von 3 m pro sec (= 10 km in der Stunde), also mit voller Fahrt, gegen seinen Steg, so würde die Stoßwirkung sein

$$\frac{1}{2} \cdot \frac{500 \ \text{kg}}{9{,}81 \ \text{m/sec}} \cdot 3^2 \, \frac{\text{m}^2}{\text{sec}^2} = 230 \ \text{mkg/sec} \tag{6}$$

Was heißt das?

Der Ausdruck mkg/sec (Meterkilogramm pro sec) ist der Ausdruck für eine Leistung, welche imstande ist, ein Gewicht von 1 kg in einer Zeit von einer Sekunde 1 m hoch zu heben. Mancher Leser wird wissen, daß die Leistung von 75 mkg/sec die Leistung einer Pferdestärke ist. Um sich eine Vorstellung von dem Stoß zu machen, den der obige Bootssteg aufzunehmen hat, stelle man sich vor, daß dieser Stoß imstande ist, ein Gewicht von 230 kg in einer Sekunde 1 m hoch zu heben. Wer also seinen Steg lieb hat, der rechne nun nicht etwa nach der obigen Formel die Geschwindigkeit aus, mit der er eben noch gerade gegen seinen Steg rasseln darf, sondern lerne richtig ansegeln. Er könnte sich doch leicht in der Geschwindigkeit verschätzen. Denn die Geschwindigkeit ist das Ausschlaggebende dabei, weil sie in der Formel im Quadrate vorkommt. Hätte das Boot nur 2 m pro sec Geschwindigkeit statt 3, so ist der Stoß nur ca. 100 mkg/sec, weil er nicht in dem Verhältnis 2 : 3 abnimmt, sondern in dem Verhältnis von 4 : 9. Die Wirkung ist also jetzt weniger als halb so groß.

Aber wir wollen hier nicht über die Konstruktionsverhältnisse des Bootssteges sprechen, sondern über die der Segeljolle und wollen jetzt lieber wieder zu den Kräften des ruhenden Körpers zurückkehren, da diejenigen des bewegten Körpers manchem Segler, der mit der Materie noch nicht genügend vertraut ist, anfangen dürften unheimlich zu werden.

Der Auftrieb.

Wir haben gesehen, daß jeder Körper gegen seine Unterlage einen Druck ausübt, der gleich seinem Gewicht ist und selbst einen gleich großen Gegendruck erleidet. Wie ist es nun mit Wasser, in dem ein Körper schwimmt; ist auch das Wasser imstande, einen solchen Gegendruck auszuüben?

Betrachtet man den unter Wasser schwimmenden Körper nach Abb. 23, der einen Würfel von 1 cm Kantenlänge darstellen möge, und mit seiner oberen Fläche 2 cm unter der oberen Wasserfläche sich befindet, so drückt auf diese Fläche in der Größe von 1 cm² eine Wassersäule von 2 cm Höhe und 1 cm² Querschnitt, die ein Gewicht von 2 g hat. Auf die 1 cm tiefer liegende untere Fläche drückt eine Wassersäule von 3 g Gewicht. Da bekanntlich der Druck des Wassers gleichmäßig nach allen Seiten wirkt, also sowohl nach unten als nach den Seiten, als auch nach oben, so kann es gegen die untere Fläche eines Würfels auch nur von unten nach oben drücken. Da die seitlichen gegen den Körper wirkenden Drucke sich das Gleichgewicht halten, so wird also der Körper mit einer Kraft von 3 — 2 = 1 g nach oben gedrückt. Diesen nach oben gerichteten Druck nennt man den Auftrieb des Wassers. Und da der Körper selbst einen Raum von 1 ccm einnimmt, der mit Wasser ausgefüllt 1 g wiegen würde, so ist festgestellt, daß der Auftrieb, den ein Körper im Wasser erleidet, genau so groß ist wie das Gewicht des von dem Körper verdrängten Wassers.

Nun hat aber der Körper selbst auch ein Gewicht, das, wie wir wissen, nach unten und deshalb dem Auftrieb entgegenwirkt. Ist dieses Gewicht größer als der Auftrieb, so sinkt der Körper langsam unter, entsprechend einer Kraft, die gleich der Differenz beider Gewichte ist. Ist es genau so groß, so schwebt der Körper im Wasser, die Kräfte halten sich das Gleichgewicht. Ist das Gewicht kleiner, so steigt der Körper an die Oberfläche und taucht so weit aus, bis der durch die Austauchung kleiner gewordene Auftrieb wieder genau so groß ist wie das Gewicht.

Dieser Fall interessiert uns im nachfolgenden ausschließlich.

Man hat also auch im Wasser das Gewicht des Körpers und den Gegendruck des Wassers als Auftrieb. Das Gewicht eines Körpers denkt man sich in dem sog. Gewichtsschwerpunkt angreifend, so, als wäre das ganze Gewicht des Körpers in diesem Punkt vereinigt. Es ist das derjenige Punkt eines jeden Körpers, indem man sich den Körper frei in der Luft unterstützt denken kann, ohne daß das Gleichgewicht des Körpers gestört wird. Er hängt also weniger von der Form als von der Anordnung der Gewichte innerhalb des Körpers ab, kann aber auch mit dem Formschwerpunkt zusammenfallen, wenn der Körper z. B. aus einem homogenen Stoff besteht. In der Zeichnung stellt man dies Gewicht durch einen im Schwerpunkt angreifenden Pfeil nach unten dar. Abb. 24.

Analog denkt man sich den Auftrieb im Schwerpunkt der verdrängten Wassermenge angreifend, der bei unserem untergetauchten Körper nach Abb. 24 aus dem eben erwähnten Grunde mit dem Gewichtsschwerpunkt zusammenfällt. Diesen Auftrieb stellt man in der Zeichnung durch einen Pfeil nach oben dar. Bei dem ausgetauchten Körper (Abb. 25) liegen die Schwerpunkte untereinander. Der Gewichtsschwerpunkt G ist zwar an seiner Stelle

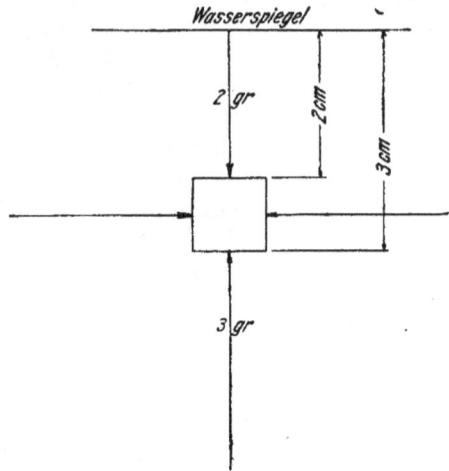

Abb. 23. Druck des Wassers gegen einen quadratischen Körper von 1 ccm Inhalt. Natürliche Größe.

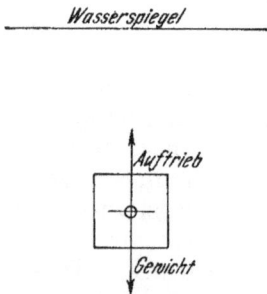

Abb. 24. Wirkungsweise von Auftrieb und Gewicht bei untergetauchtem Körper.

geblieben, da sich ja an dem Gewicht des Körpers nichts geändert hat, der Schwerpunkt F der verdrängten Wassermenge liegt jetzt aber tiefer.

Deplacement, Reservedeplacement.

Um den Unterschied zwischen diesen beiden Schwerpunkten noch besser kennzeichnen zu können, soll nach Abb. 26 angenommen

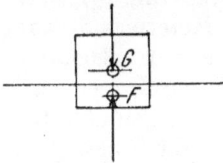

Abb. 25. Wirkungsweise von Auftrieb u. Gewicht bei schwimmenden Körpern.

werden, daß der Körper, den wir zugleich etwas breiter zeichnen wollen, durch irgendeine Kraft aus der aufrechten in die geneigte Lage gebracht worden ist. Dadurch ändert sich an der Lage des Gewichtsschwerpunktes wieder nichts, aber die Form der verdrängten Wassermenge, also des unter Wasser befindlichen Teiles des Körpers, hat sich erheblich verändert, so daß nun auch der Schwerpunkt dieser Wassermenge nach der Seite gewandert ist, nach der der Körper eingetaucht ist. Man sieht nun deutlich den Unterschied zwischen diesen beiden Schwerpunkten sowohl in bezug auf ihre Lage zueinander, als auch in bezug auf die Kräfte, welche in ihnen angreifend gedacht werden. Das Gewicht der verdrängten Wassermenge bezeichnet man mit Deplacement, das bei größeren Schiffen in Tonnen zu 1000 kg angegeben wird. In Süßwasser mit dem spezifischen Gewicht 1 stimmt die Angabe des Deplacements in Tonnen mit derjenigen in cbm überein. In Seewasser mit höherem spezifischem Gewicht hat das Schiff infolge seines unveränderten Gewichtes natürlich dasselbe Deplacement in Tonnen, aber ein geringeres

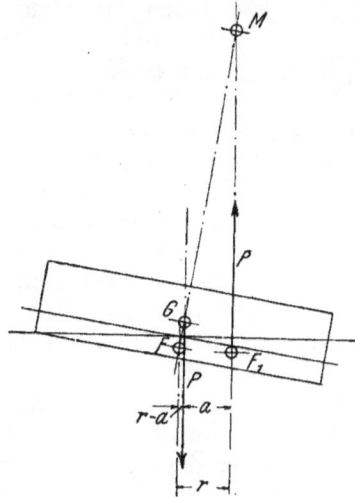

Abb. 26. Wirkungsweise von Auftrieb und Gewicht bei in geneigter Lage schwimmenden Körpern.

Deplacement in cbm. Es taucht aus dem Wasser auf. Der Schwerpunkt der verdrängten Wassermenge wird mit Deplacementsschwerpunkt bezeichnet. Der über Wasser befindliche Teil des Schiffes wird mit Reserve-Deplacement bezeichnet, da das Boot bis zum Deck versinken kann, ohne unterzugehen.

45

Das Kraftmoment.

Abb. 26 unterscheidet sich nun von den voraufgegangenen Abbildungen dadurch, daß Gewicht und Auftrieb nicht mehr in einer Senkrechten wirken. Wir sehen auch jetzt zwei gleich große und entgegengesetzt gerichtete Kräfte, aber im Abstande a voneinander. Was heißt das nun?

Wie wir sehen, hat sich der Deplacementsschwerpunkt allmählich von F nach F_1 bewegt, so daß die Auftriebskraft P gleich dem Bootsgewicht P nun in einem Abstand von r Metern von dem Deplacementsschwerpunkt der aufrechten Lage angreift. Denken wir uns die Strecke r mit der Kraft P und dem Punkt F fest verbunden (Abb. 27), so würde diese Kraft, wenn sie frei wirken könnte, sich auf einem Kreise von dem Radius r um den Punkt F bewegen und denselben in Drehung versetzen, wie z. B. bei einem Karussell, das durch Menschen oder Pferde in einem bestimmten Abstand von der Achse in Bewegung gesetzt wird. Die Menschen resp. Pferde stellen dabei die Kraft P vor. Diese Drehung muß also immer zustande kommen, wenn ihr nicht andere Kräfte entgegenwirken, wie in unserem Beispiel etwa das absichtliche Festhalten des Karussells an seinem äußeren Umfange resp. der Druck des Windes auf die Segel, der ja die Neigung des Bootes nach Abb. 26 verursacht.

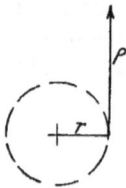

Abb. 27.
Kraftmoment
P · r

Ob nun eine Drehung zustande kommt oder nicht, in jedem Fall, wo eine Kraft nicht direkt an einem Körper oder einem Punkt angreift, sondern in einem bestimmten Abstand von ihm, spricht man von einem Moment der Kraft, bezogen auf diesen Körper oder Punkt, einem Kraftmoment oder auch Drehmoment. Die Strecke r bezeichnet man mit dem Hebelarm der Kraft P in bezug auf den Punkt F. Und da jedermann weiß, daß bei einem Hebel die erzielte Kraftleistung um so größer ist, je länger der Hebelarm und je größer die eigene aufgewendete Kraft ist, so ist die Größe des Kraftmoments ausgedrückt durch das Produkt aus der Kraft P mit der Strecke r, also

$$\text{Kraftmoment} = P \cdot r \tag{7}$$

Form- und Gewichtsstabilität.

In Abb. 26 bezeichnet man das Kraftmoment P · r als das Stabilitätsmoment der Form eines Bootes, da seine Größe wesentlich von der Lage des Formschwerpunktes abhängt.

Unter Stabilität versteht man den Widerstand, den ein Boot jeder seitlichen Neigung entgegensetzt, und die Fähigkeit, sich wieder aufzurichten, sobald die überkrängende Kraft wieder nachgelassen hat. Nach Abb. 26 besteht aber noch ein anderes Kraftmoment in bezug auf den Punkt F, und zwar ist das die im Gewichtsschwerpunkt G wirkende Kraft P in einem Abstand von r — a. Dieses Kraftmoment hat daher die Größe P × (r — a) und wird bezeichnet mit Stabilitätsmoment des Gewichts oder Gewichtsstabilität. Wir sehen aber, daß dieses Kraftmoment in bezug auf den Punkt F einen anderen Drehsinn hat als das Kraftmoment der Formstabilität. Letzteres wirkt im Sinne des Uhrzeigers, ersteres entgegengesetzt. Das wirkliche, sogenannte statische Stabilitätsmoment St des Bootes ist in diesem Falle also gleich der Differenz der beiden Stabilitätsmomente also

$$St = P \cdot r - P (r - a)$$
$$= P \cdot r - P \cdot r + P \cdot a$$
$$= P \cdot a \qquad\qquad (8)$$

Wenn wir uns die Abb. 26 wieder ansehen, entdecken wir, daß a der senkrechte Abstand zwischen den beiden gleichgroßen Kräften P ist und daß also das Produkt aus zwei gleich großen und entgegengesetzt gerichteten Kräften und ihrem gegenseitigen Abstand dieselbe Wirkung hat wie die Summe der Kraftmomente aus den einzelnen Kräften bezogen auf irgendeinen Punkt.

Das Kräftepaar.

Dieses Produkt P · a nach Abb. 28 nennt man ein Kräftepaar. Die Wirkung der beiden Kraftmomente nach Abb. 26 wäre eine Drehung des ganzen Körpers entgegengesetzt der Drehung des Uhrzeigers gewesen, da das Kraftmoment P · r viel größer ist als P · (r — a), denn der Abstand von Punkt F ist ja viel größer. Demnach ist auch die Wirkung des Kräftepaars nach Abb. 28, wie man ohne weiteres sieht, eine Linksdrehung des Körpers, an dem das Kräftepaar angreift. Es ist nun auch ohne weiteres klar, daß die Drehung solange anhält, bis beide senkrecht wirkenden Kräfte wieder in eine Senkrechte fallen. Dann ist der Körper wieder in seiner Ruhe resp. Gleichgewichtslage angelangt.

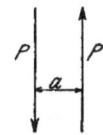

Abb. 28.
Kräftepaar
P · a

Diese Drehung kommt aber nur zustande, wenn nicht andere Kräftepaare entgegenwirken. Wir haben gesehen, daß die Ursache der Neigung des Bootskörpers z. B. der Winddruck auf das Segel sein kann. Würde das Boot im Wasser keinen seitlichen Widerstand finden, so würde das Boot infolge des Winddrucks keine Neigung erhalten, sondern quer nach der Seite abgetrieben werden. Denn wir haben ja bei der Schwerkraft der Erde gesehen, daß ein Körper sich in Richtung der Kraft in Bewegung setzt, wenn diese Kraft keine entsprechende Gegenkraft findet. Erfahrungsgemäß treibt aber das Boot nicht nach der Seite ab, weil durch den Widerstand des Wassers eine Gegenkraft erzeugt wird, die mit der Windkraft zusammen ein Kräftepaar von bestimmter Größe bildet, je nach der Stärke des Windes, der wieder im Schwerpunkt der Segelfläche angreifend gedacht werden kann. Dieses Kräftepaar ist, wie wir nach Abb. 29 sehen, ein krängendes und neigt nun den Körper soweit über, bis ein gleich großes aber entgegengesetzt drehendes Stabilitätsmoment entsteht. Das Boot verharrt dann solange in dieser neuen Gleichgewichtslage, bis der Winddruck wieder nachläßt. Es können sich also auch zwei entgegengesetzt drehende Kräftepaare das Gleichgewicht halten, wenn ihre Produkte aus Kraft mal Abstand einander gleich sind.

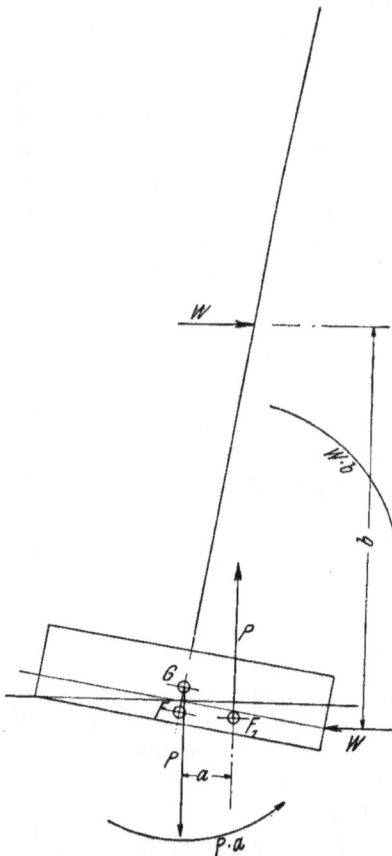

Abb. 29. Zwei entgegengesetzt drehende Kräftepaare aus Winddruck und Wasserwiderstand (W · b) und Auftrieb und Gewicht (P · a).

Der Sinn des Stabilitätsmomentes ist also, jede durch äußere Kräfte hervorgerufene Störung des Gleichgewichts, durch die das Boot in Drehung versetzt wird, durch ein entgegengesetzt wirkendes Drehmoment wieder aufzuheben und eine neue Gleichgewichtslage zu schaffen. Nach Aufhören der Störungskräfte dreht das Stabilitätsmoment das Boot dann um so schneller in die aufrechte Lage zurück, je größer das Stabilitätsmoment des betreffenden Bootes ist.

Wie kann man nun das Stabilitätsmoment eines Bootes möglichst groß machen, damit letzteres recht lange vor dem Kentern bewahrt bleibt? Denn es ist klar, daß ein Boot um so größere Störungskräfte aufnehmen kann, je größer das von diesen Kräften zu überwindende wiederaufrichtende Stabilitätsmoment ist.

Das Metazentrum.

Betrachtet man das Kräftepaar der statischen Stabilität nach Abb. 26, so sieht man, daß dasselbe bei gegebenem Bootsgewicht um so größer ist, je größer der Abstand a der beiden Kräfte P voneinander ist. So wie die Strecke a ein Maß für die Stabilität ist, so ist natürlich auch die Strecke GM, der Abstand der Schnittpunkte von Auftrieb und Gewicht mit der Mittschiffsebene, gleichfalls ein Maß der Stabilität. Man nennt diese Strecke GM die metazentrische Höhe und den Punkt M das Metazentrum des Bootes. Die Stabilität eines Bootes ist im allgemeinen um so größer, je größer die Strecke GM ist.

Diese Strecke läßt sich nur dadurch vergrößern, daß man den Punkt M möglichst weit nach oben verschiebt und den Punkt G möglichst weit nach unten. Ersteres läßt sich nur durch eine entsprechende Formgebung des Bootes erzielen und ist daher eine Funktion der Formstabilität, die wir noch besonders behandeln müssen. Letzteres läßt sich nur durch eine entsprechende Anordnung der Gewichte im Boot erreichen. Um den Einfluß dieser Punkte aufeinander besser verfolgen zu können, gehen wir wieder zu den einzelnen Stabilitätsmomenten aus Auftrieb und Gewicht nach Abb. 26 zurück. Wir haben schon gesehen, daß das Stabilitätsmoment des Gewichtes P (r—a) der Formstabilität entgegenwirkt, so lange G zwischen M und F liegt, da dieses Moment einen anderen Drehsinn in bezug auf den Punkt F hat als das Moment der Formstabilität. Rückt der Punkt G so weit nach unten, bis er mit F, dem Deplacementsschwerpunkt, in der aufrechten Lage zusammenfällt, dann hat das Boot nur Formstabilität, da der Hebelarm r—a zu Null geworden ist. Rückt der Punkt G noch weiter nach unten, wie es z. B. bei Flossenkielern mit tiefliegendem Ballast der Fall sein kann, so tritt zu dem Moment der Formstabilität noch das Moment der Gewichtsstabilität als aufrichtendes Moment hinzu, da es jetzt im selben Drehsinn wirkt wie das Moment der Form. Nähert sich aber der Punkt G dem Punkt M, so wird das entgegengesetzt drehende Gewichtsmoment immer größer, bis es in dem Augenblick, wo

G mit M zusammenfällt, genau so groß wird wie die Form-stabilität. Da jetzt zwei gleich große und entgegengesetzt wirkende Drehmomente vorhanden sind, ist die Stabilität Null. Die Strecke a sowohl als auch die Strecke GM ist zu Null geworden. Steigt der Punkt G über M hinaus, so überwiegt das die Krängung unter-stützende Gewichtsmoment, welches nun das Boot noch weiter krängt.

Diese vorstehenden Ausführungen beziehen sich also aus-schließlich auf das Stabilitätsmoment eines Bootes, was ausdrück-lich vermerkt werden muß, da leider fälschlicherweise in fast allen Lehrbüchern auch aus der Lage der Punkte G und M zu-einander Schlüsse auf den Gleichgewichtszustand des Bootes ge-zogen werden, was aber unmöglich ist, so daß Ausführungen über Stabilitätsverhältnisse von Segeljollen schon vielfach in der Sport-presse zu ganz verworrenen Auseinandersetzungen geführt haben.

8. Stabiles, indifferentes und labiles Gleichgewicht.

Bei der Betrachtung eines Gleichgewichtszustandes eines Bootes wird vielfach das Boot als im stabilen Gleichgewicht befindlich bezeichnet, solange der Punkt G unter M liegt. Hier wird stabiles Gleichgewicht mit positivem Stabilitätsmoment ver-wechselt. Mit indifferent bezeichnet man den Gleichgewichts-zustand eines Bootes, in welchem G mit M zusammenfällt. Wie wir aber sehen werden, gibt es im Schiffbau überhaupt kein in-differentes Gleichgewicht. Wandert G über M hinaus, so sagt man, das Boot ist im labilen Gleichgewicht. Das Wort Gleichgewicht setzt aber voraus, daß sich das Boot in Ruhelage befindet. Ein labiles Gleichgewicht, das übrigens nur ein scheinbares Gleich-gewicht ist, besteht nur, solange der Gewichtsschwerpunkt senk-recht über dem Metazentrum liegt, so daß die Kräfte aus Auftrieb und Gewicht in eine Senkrechte fallen. Durch die geringste Störung dieser Bedingung geht das labile Gleichgewicht verloren. Ein in einer geneigten Lage befindliches Boot kann daher niemals im labilen Gleichgewicht sein. Hier ist das labile Gleichgewicht mit negativer Stabilität verwechselt. Ein Boot kann im labilen Gleichgewicht sein, wenn z. B. ein Mann am Mast einer Jolle emporklettert und dadurch der Gewichtsschwerpunkt über das Metazentrum der aufrechten Lage steigt. Solange das Boot sich nicht nach der Seite neigt, verharrt es in dieser scheinbaren Gleich-gewichtslage. Auch könnten große Seeschiffe, wenn sie vollkommen leer sind oder auch schwere Decklast haben, im labilen Gleich-gewicht sein, da dann der Gewichtsschwerpunkt über dem Meta-zentrum der aufrechten Lage liegen kann. Es hat hier aber gar keinen Zweck, von labilem Gleichgewicht zu sprechen, da sich diese Gleichgewichtslage doch nicht einstellt. Das Schiff nimmt vielmehr infolge der vorhandenen negativen Stabilität, also eines überkrängenden Stabilitätsmomentes, eine Drehung nach der Seite an, der zufolge der Deplacementsschwerpunkt ebenfalls nach der Seite wandert, bis das entstehende Stabilitätsmoment der Form als aufrichtendes Moment genau so groß wird wie die Gewichtsstabilität, so daß Auftrieb und Gewicht wieder in eine Linie fallen (Abb. 30). Das Boot ist jetzt im stabilen Gleichgewicht, vorausgesetzt, daß die negative Stabilität in der aufrechten Lage nicht so groß war, daß bei der Neigung der Gewichts-

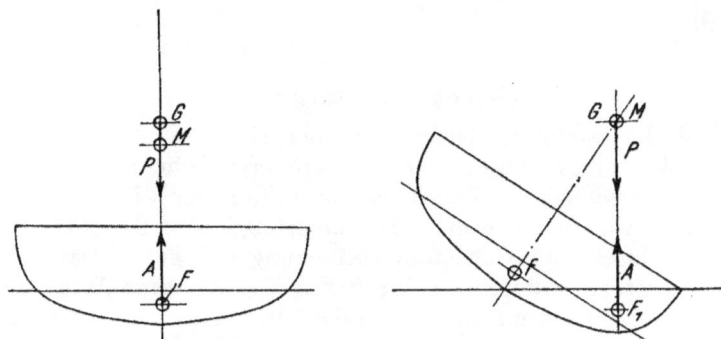

Abb. 30. Labiles Gleichgewicht in der aufrechten Lage wird stabiles Gleichgewicht, wenn M und G zusammenfallen.

schwerpunkt immer außerhalb des Deplacementsschwerpunktes bleibt. In diesem Falle würde das Schiff kentern, da das aufrichtende Moment der Formstabilität in keiner Lage die Größe des überkrängenden Gewichtsmomentes erreicht. Ist dies aber nicht der Fall, so kann sich das Schiff nur so weit neigen, bis der Gewichtsschwerpunkt mit dem Metazentrum zusammenfällt. Denn eine weitere Drehung würde ein noch größeres aufrichtendes Moment ergeben, demzufolge das Schiff wieder bis zu dieser Lage zurückgedreht wird.

Wir haben hier also den Fall, daß das Schiff auf der Seite liegend sich in stabilem Gleichgewicht befindet, während das Stabilitätsmoment selbst = 0 ist. Daß es sich hier um eine stabile Gleichgewichtslage handelt, ersieht man daraus, daß die B e dingung des stabilen Gleichgewichts erfüllt ist, die besagt, daß der Körper jeder Drehung ein umgekehrt wirkendes Drehmoment entgegensetzt und immer wieder in die ursprüngliche Lage zurückkehrt. Damit ist auch bewiesen, daß ein Körper nicht in indifferentem Gleichgewicht zu sein braucht, wenn G und M zusammenfallen. Das Kennzeichen des indifferenten Gleichgewichts ist die Eigenschaft, daß der Körper jede Neigung annehmen kann und sich in jeder Neigung im Zustand der Ruhe befindet, wie es z. B. bei einer auf dem Wasser schwimmenden Kugel oder einem schwimmenden Balken von kreisrundem Querschnitt der Fall ist, wo G und M im Mittelpunkt des Kreises liegen. Eine derartige Eigenschaft würde aber jedes Schiff unbrauchbar machen, so daß es im Schiffbau überhaupt nicht vorkommt. Ein Schiff kann daher nur positive oder negative Stabilität besitzen, bei letzterer nimmt das Boot Schlagseite an oder kentert. Ein auf dem Wasser schwimmendes Schiff kann daher nur im stabilen Gleichgewichtszustand sein, so daß wir uns jetzt nur mit diesem beschäftigen wollen.

Stabiles Gleichgewicht.

Bei der weiteren Betrachtung der stabilen Gleichgewichtsverhältnisse eines Bootes oder eines größeren Schiffes müssen wir von zwei verschiedenen Voraussetzungen ausgehen. Das ist erstens der Fall, wo die Störung des ursprünglichen Gleichgewichts lediglich durch eine Gewichtsverschiebung erfolgt, und zweitens, wo diese Störung durch ein Kräftepaar, etwa durch Winddruck und Wasserwiderstand, hervorgerufen wird. Einen Teil des ersten Falles haben wir schon erledigt. Das war die Verschiebung des Gewichtsschwerpunktes nach oben bis über das Metazentrum. Wir hatten gesehen, daß in diesem Falle das Schiff eine Neigung annimmt, bis G und M zusammenfallen, und es sich dann in stabilem Gleichgewicht befindet. Wird G nur bis zum Punkt M hinaufgeschoben, so bestehen jetzt für die aufrechte Lage dieselben Bedingungen wie eben für die geneigte Lage. Die Stabilität ist 0, aber bei der geringsten Drehung nach irgendeiner Seite entstehen aufrichtende Drehmomente, also positive Stabilitätsmomente, die das Boot wieder in die aufrechte Lage zurückdrehen. Diese Drehmomente sind natürlich nur klein, und das Boot wird um den Punkt mit der Stabilität 0 mehrfach hin und her pendeln, bis es wieder zur Ruhe kommt. Bleibt der Gewichtsschwerpunkt unterhalb M, so sind die entstehenden Drehmomente größer, wie wir schon an Abb. 26 gesehen haben. Der Körper kommt um so schneller in die aufrechte Lage zurück, je größer sein Abstand unter M ist. Infolge der entstehenden großen Drehmomente bedarf es großer Kräfte, das Schiff überzuneigen.

Was geschieht nun, wenn der Gewichtsschwerpunkt nach der Seite verschoben wird? Es entsteht wieder ein überkrängendes Gewichtsmoment, welches das Schiff nach der Seite überneigt, nach welcher das Gewicht verschoben ist. Infolge der Wanderung des Deplacementsschwerpunktes wirkt das immer größer werdende Drehmoment der Form entgegen, bis G unter M liegt (Abb. 31). Das Boot ist wieder in stabilem Gleichgewichtszustand.

Wir haben nun die Fälle betrachtet, in denen der Gleichgewichtszustand des Bootes gekennzeichnet ist durch die in eine Senkrechte fallenden Kräfte aus Auftrieb und Gewicht, bei denen das Gewicht unter oder im Metazentrum liegt. Solange diese Bedingung nicht erfüllt ist, sondern ein freies Drehmoment aus Auftrieb und Gewicht vorhanden ist, ist das Boot nicht im Gleichgewicht.

Handelt es sich aber um den zweiten Fall, bei welchem der Gewichtsschwerpunkt als festliegend angenommen werden muß und die Störung des Gleichgewichtes durch ein aus Winddruck

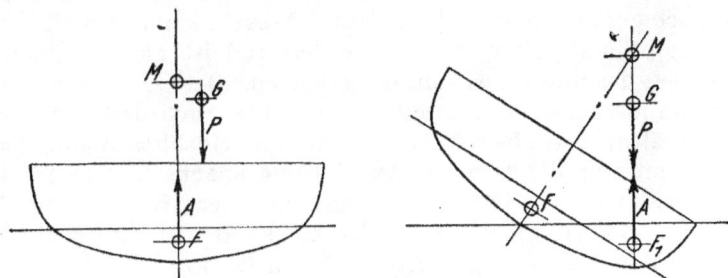

Abb. 31. Bei verschobenem Gewicht tritt stabiles Gleichgewicht ein, wenn G unter M fällt.

und Wasserwiderstand gebildetes Kräftepaar verursacht wird, so kann das Boot nur im Gleichgewicht sein durch ein gleich großes entgegengesetzt wirkendes Kräftepaar aus Auftrieb und Gewicht. Aus Abb. 26 ist also allein durchaus nicht zu ersehen, ob sich das Boot in stabilem Gleichgewicht befindet, wenn G unter M liegt. Man muß vielmehr zu Abb. 29 greifen und untersuchen, ob beide Kraftmomente einander gleich sind. Ist das Winddruckmoment größer, so neigt sich das Boot weiter über, bis durch das Wandern des Deplacementsschwerpunktes ein ebenso großes Stabilitätsmoment entstanden ist. Ist durch eine weitere Neigung eine Vergrößerung des Stabilitätsmomentes nicht mehr möglich, nimmt das Winddruckmoment aber noch weiter zu, so kentert das Boot.

Haben wir also vorhin gesehen, daß bei der Verschiebung von Gewichten ein Kentern erst eintreten kann, wenn das Boot seine geringste Stabilität erreicht und unterschritten hat, so daß negative Stabilität und ein über M liegender Gewichtsschwerpunkt G vorhanden ist, so sehen wir jetzt, daß bei Vorhandensein eines zweiten Kräftepaares das Boot in dem Augenblick kentert, wo seine höchste Stabilität erreicht und überschritten wird. Dieser zweite Fall interessiert uns besonders, und wir müssen uns daher diese Stabilitätsverhältnisse etwas näher ansehen, zumal bei der Segeljolle insofern eine Komplizierung vorliegt, als nicht nur zwei Kräftepaare vorhanden sind, sondern auch der Gewichtsschwerpunkt durch die Luvmannschaft aus der Mittschiffsebene nach der Seite verlegt wird.

Die Stabilität der Segeljolle.

Abb. 32 gibt nun ein klares Bild der Verhältnisse. Die obere Reihe der Bilder ist so zu verstehen, daß auf das Boot ein Winddruckmoment wirkt, bei welchem die Hochbordmannschaft das Boot noch gerade im aufrechten Zustand segeln kann. Das Kräftepaar aus Winddruck und Wasserwiderstand ist nicht besonders gezeichnet, das müssen wir uns dazu denken. Der Gewichtsschwerpunkt wandert nun in demselben Verhältnis nach der Seite, wie das Verhältnis zwischen Bootsgewicht und Hochbordmannschaft ist. Nimmt man das Gewicht der Hochbordmannschaft zu 150 kg an, so wandert der Gewichtsschwerpunkt der 10 qm-Rennjolle mit 75 kg Bootsgewicht um $^2/_3$ der halben Bootsbreite nach der Seite, so daß die einzelnen Abstände wieder 150 : 75, also 2 : 1 sind. Bei der 15 qm-Rennjolle mit 150 kg Gewicht wandert er bis zur Mitte und bei der 15 qm-Wanderjolle mit mindestens 350 kg Gewicht bis auf weniger als $^1/_3$ der halben Bootsbreite. Auch der Höhe nach liegt er in demselben Verhältnis zwischen den beiden Schwerpunkten.

In dieser aufrechten Lage ist das Kräftepaar der statischen Stabilität bei der 10 qm-Rennjolle also ca. 225 kg $\times$ 0,45 m = 100 mkg. Der Winddruck greift etwa 3 m über dem Wasserwiderstand an und bildet dasselbe Moment. Der Winddruck auf die Segelfläche von 10 qm ist also 100 : 3 = 33 kg. Pro qm ist der Druck also etwa 3,3 kg, was einer Windstärke von 6 m entspricht. Ähnlich ergibt sich bei der 15 qm-Rennjolle ein Stabilitätsmoment von 120 mkg und 5 m Windgeschwindigkeit und bei der 15 qm-Wanderjolle 150 mkg und 5,5 m Wind. Bis zu diesen Windstärken können die Boote also angenähert aufrecht gesegelt werden.

Nimmt die Windgeschwindigkeit zu, so nimmt das Boot Lage an, und zwar so weit, bis wieder Gleichgewicht zwischen den beiden Kräftepaaren besteht. In der unten gezeichneten Lage der Abb. 32 ist das Stabilitätsmoment im ersten Falle 170 mkg,

Abb. 32. Einfluß des Gewichtes der Hochbordmannschaft GM bei Jollen auf die Lage des Gewichtsschwerpunktes GG (G liegt unter F wie bei Flossenkielern). Die Stabilität GG · a nimmt bei Neigung zu.

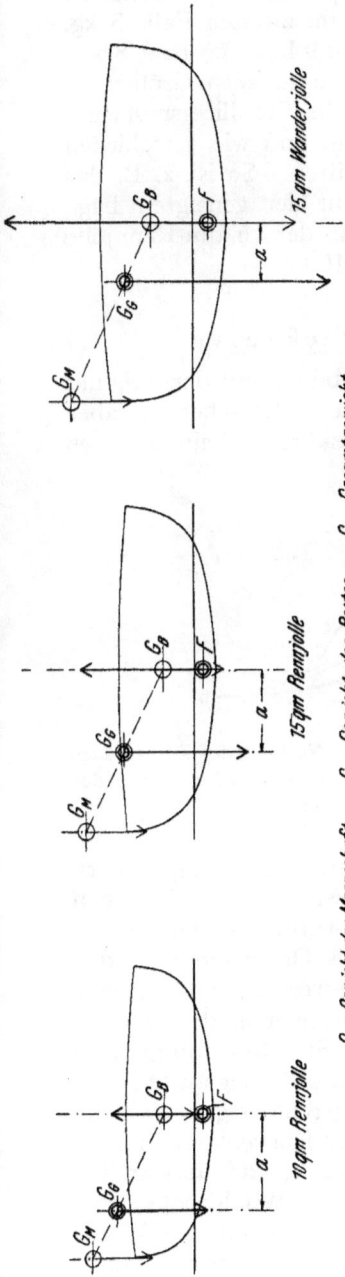

GM = Gewicht der Mannschaft   GB = Gewicht des Bootes   GG = Gesamtgewicht

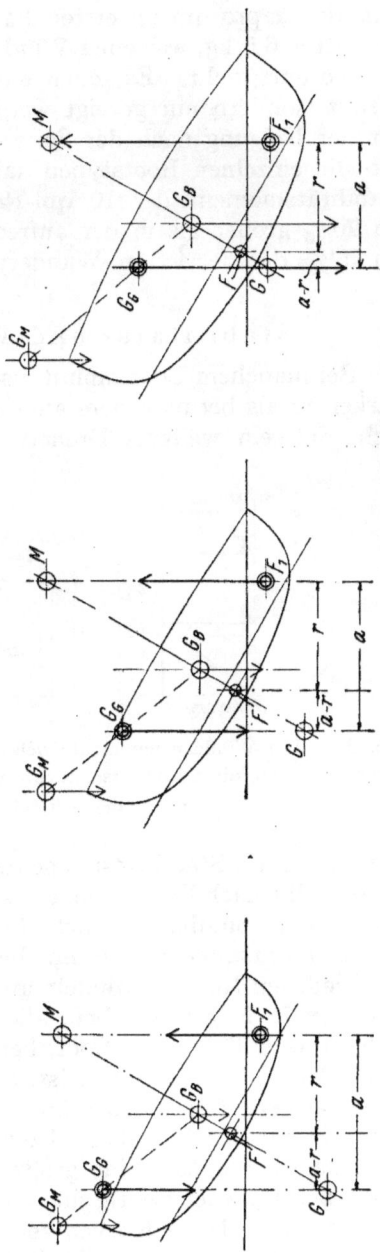

10 qm Rennjolle   15 qm Rennjolle   15 qm Wanderjolle

im zweiten Falle 210, im dritten 300 mkg. Dementsprechend der Winddruck pro qm im ersten Falle 7 kg, im zweiten Falle 5 kg, im dritten 6,5 kg, was einer Windstärke von 9 bzw. 7,5 bzw. 8,5 m pro sec entspricht. Es sollen hier nicht die genauen Größen ermittelt, sondern nur gezeigt werden, wie die Stabilitätsmomente mit der Neigung nach der Seite zunehmen, und wie verschieden sich die einzelnen Bootstypen dabei verhalten. So ist z. B. das Stabilitätsmoment der 10 qm-Rennjolle in der geneigten Lage um 70% größer als in der aufrechten, das der 15 qm-Rennjolle um 75%, das der 15 qm-Wanderjolle um 100%.

Stabilitäts- und Winddruckkurve.

Bei manchem Boot nimmt also die Stabilität mit der Neigung stärker zu als bei manchem anderen. Gleichzeitig sehen wir aber auch, daß ein weiteres Drehen des Bootskörpers kein weiteres

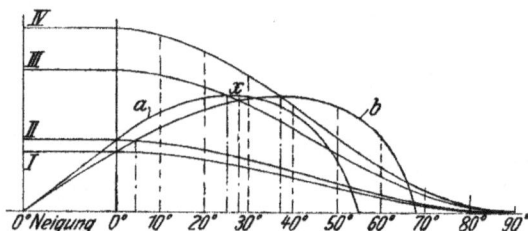

Abb. 33. Die Winddruckmomente nehmen bei der Neigung des Bootes nach Kurve I—IV ab, die Stabilitätsmomente nach a und b zu. Wo die Kurven sich schneiden, herrscht Gleichgewicht.

Anwachsen des Stabilitätsmomentes mehr erzeugen kann, sondern daß dasselbe nach Erreichung eines Höchstwertes wieder abnehmen muß. In ein Sinnbild gebracht (Abb. 33), würde also der Verlauf der Stabilitätsmomente, wenn dieselben als Ordinaten über den verschiedenen Neigungswinkeln aufgetragen werden, zunächst eine aufsteigende Kurve ergeben, die nach Erreichung des Höchstwertes wieder fällt. Ein Boot, bei dem die Stabilität am größten bei großen Neigungswinkeln ist, hat also eine flacher ansteigende Kurve als ein Boot, das schon bei geringeren Neigungen hohe Stabilität hat. In Abb. 33 sind zwei derartige Kurven aufgetragen. Das eine Boot a hat seine größte Stabilität bei 30°, das andere Boot b bei 40°. Gleichzeitig sind die sogenannten Winddruckkurven eingezeichnet. Diese Kurven zeigen, wie das Moment aus Winddruck und Wasserwiderstand mit der Neigung des Bootes abnimmt. Dabei ist vorausgesetzt, daß der Wind in seiner ursprünglichen

Stärke bestehen bleibt, so daß nur infolge der Neigung des Segels seine Kraft auf das Boot gemäß dem Verlauf der Kurven verringert wird. Übt also ein Wind von bestimmter Stärke ein Moment von z. B. 120 mkg aus (Kurve II), so bleibt das Boot a noch gerade in aufrechter Lage, da sein Stabilitätsmoment genau so groß ist. Das Boot b würde aber eine Neigung von 4^0 erfahren, da jetzt erst die beiden Momente gleich sind. Wo also die Winddruckkurven die Kurven der statischen Stabilität schneiden, befindet sich das Boot im Gleichgewicht. Die Winddruckkurve III neigt das Boot a um 25^0, das Boot b um 28^0. Obwohl die Neigung des Bootes a geringer ist als diejenige des Bootes b, ist das Boot a doch jetzt ungefähr bei seinem größten Stabilitätsmoment angelangt und würde kein wesentlich höheres Winddruckmoment ertragen können, ohne zu kentern. Denn überschreitet die Winddruckkurve die Stabilitätskurve im Punkte X, so ist das Boot bei weiterer Neigung nicht mehr imstande, ein genügend großes Stabilitätsmoment zu bilden und kentert daher. Da das Winddruckmoment mit zunehmender Neigung auch langsam abnimmt, wenn auch nicht in dem Maße, wie das Stabilitätsmoment, so überwiegt das Winddruckmoment gegenüber dem Stabilitätsmoment allmählich von dem Augenblick an, wo die Kurven sich noch gerade berühren. Das Kentern geht infolgedessen verhältnismäßig langsam vor sich. Nimmt der Winddruck, nachdem das Boot seine höchste Stabilität überschritten hat, ganz plötzlich ab, oder läßt der Steuermann den Wind plötzlich aus dem Segel, so kann das noch vorhandene geringe Stabilitätsmoment der betreffenden stark geneigten Lage unter Umständen noch genügen, das Boot wieder aufzurichten.

Das Winddruckmoment IV würde das Boot a überhaupt nicht aufnehmen können, während das Boot b bei 37^0 Neigung, also bei fast seinem größten Stabilitätsmoment, ins Gleichgewicht kommt. Betrachten wir also die Abb. 33 im ganzen, so sehen wir, daß das Boot b, das in der aufrechten Lage nur das Winddruckmoment I aufnehmen kann, doch länger gesegelt werden kann als das Boot a, obwohl sein größtes Stabilitätsmoment nicht größer ist als das des Bootes a.

Diese Stabilitätsverhältnisse hätte man aus der Abb. 29 nicht feststellen können, da die Frage, ob stabiles Gleichgewicht vorhanden ist oder nicht, nicht nur von der Größe des Stabilitätsmomentes abhängt, sondern auch von der Neigung des Bootes. Ein labiles oder indifferentes Gleichgewicht ist aber bei Vorhandensein von Kräftepaaren überhaupt nicht denkbar. Ich nehme an, daß dem Leser nach Betrachtung der Abb. 33 klar geworden ist, daß tatsächlich die Segeljolle im Augenblick ihrer größten

Stabilität kentert und nicht, nachdem ihre Stabilität 0 geworden ist oder der Gewichtsschwerpunkt über M hinauswandert.

Es muß noch gesagt werden, daß die eingezeichneten Winddruckmomente III und IV nur dann von den Booten a und b aufgenommen werden können, wenn es sich um einen ganz gleichmäßigen Wind handelt. Ist der Wind böig, dann neigt das Boot infolge der Massenwirkung des Windes weiter über als bei gleich starken aber stetigen Winden, und es besteht dann die Gefahr, daß das Boot, das in seiner überholenden Bewegung infolge seiner eigenen Masse über den Punkt der Gleichgewichtslage hinausschießt, nun in eine Lage kommt, wo die Stabilitätsmomente schon wieder abgenommen haben. Wir wollen auf diese Verhältnisse nicht näher eingehen, da wir dann auch noch die dynamischen Stabilitätsverhältnisse untersuchen müßten, wollen uns aber merken, daß ein Wind, der als Böe in das Segel einfällt, das Boot um ziemlich genau den doppelten Winkel auf die Seite legt als ein stetiger Wind von derselben Windgeschwindigkeit. Der Jollensteuermann muß deshalb eine solche Böe durch Schricken der Schoten abwettern, um zu verhindern, daß das Boot die Lage seiner höchsten Stabilität überschreitet. Kommt ein Rennjollensteuermann auf eine Wanderjolle, so empfindet er die verhältnismäßig geringe Anfangsstabilität, das weiche Arbeiten, die verhältnismäßig große Neigung bei stärkeren Winden vielleicht als mangelnde Stabilität. Das braucht aber nach Abb. 33 durchaus nicht der Fall zu sein. Er muß aber trotz des verhältnismäßig langsamen Überneigens daran denken, daß dieses Boot infolge seiner größeren Masse bei Böen weiter über seine Gleichgewichtslage hinausschießt als eine leichte Rennjolle und muß rechtzeitig schricken. Die Renn- und Wanderjolle sind eben zwei verschiedene Boote, die auch verschieden gesegelt werden müssen.

Anfangs- und Endstabilität.

Handelt es sich bei der Abb. 33 um zwei gleich große Boote, bei denen das Gewicht der Hochbordmannschaft von gleichem oder ähnlichem Einfluß auf die Stabilität ist, so daß die Verschiedenartigkeit des Verlaufs der Stabilitätsmomente nur auf die Form des Bootes zurückzuführen ist, so spricht man von großer Anfangsstabilität des Bootes a und von großer Endstabilität des Bootes b, wenn die gegenseitige Lage der Kurven ähnlich wie in Abb. 33 ist.

Bei der 10 qm-Rennjolle nach Abb. 32 kann man nicht von großer Anfangsstabilität sprechen, obwohl sie im Verhältnis zu den anderen Booten entschieden sehr groß ist. Aber diese große

Stabilität der aufrechten Lage kommt zum größten Teil auf das Konto der Hochbordmannschaft, während z. B. bei der 15 qm-Wanderjolle der Einfluß der Hochbordmannschaft gering ist und die Größe des Stabilitätsmomentes hauptsächlich aus dem großen Gesamtgewicht resultiert. Bei dieser Jolle soll ja auch die Mannschaft nicht in dem Maße arbeiten wie bei der Rennjolle; diese Jolle muß also von vornherein besonders für die geneigte Lage eine hohe Stabilität hauptsächlich aus ihrer Form heraus entwickeln. Natürlich kann man Form- und Gewichtsstabilität nicht als zwei voneinander unabhängige Momente betrachten. Die Formstabilität hängt natürlich immer auch von der Größe des Bootsgewichtes ab, da dieses Bootsgewicht als Auftrieb ja den einen Teil des Kraftmomentes ausmacht, dessen anderer Teil, die Strecke r, hauptsächlich von der Form abhängt, die man einem Boot von bestimmtem Gewicht gibt. Die Gewichtsstabilität hängt insofern von der Form auch wieder ab, als der Gewichtsschwerpunkt der Höhe nach verschieden liegen kann, je nachdem ob die Form hoch und schmal oder breit und flach ist. Ein hoher Freibord z. B. trägt nicht zur Erhöhung der Stabilität bei, die breiten, niedrigen Boote sind stabiler. Im allgemeinen nimmt man bei der Konstruktion von Rennjollen auf die Lage dieses Punktes wenig Rücksicht, da er nur in geringen Grenzen zu beeinflussen ist und der Einfluß der Hochbordmannschaft auf ihn viel wesentlicher ist. Natürlich wird man nicht eine unnötig schwere Gaffel bauen, da diese den Gesamtschwerpunkt, besonders bei Lage, schon zu beeinflussen imstande ist. Bei Wanderjollen hat das Gewicht der Gaffel gegenüber dem großen Bootsgewicht weniger Einfluß. Da das Gewicht eines Bootes mit Mannschaft seiner Art und Größe nach im allgemeinen festliegt, so ist die Frage großer Anfangs- und Endstabilität also nur eine Frage der Spantform. Dabei sind wir wieder bei einem sehr heiklen Thema angelangt, das in der Sportpresse eigentlich nie restlos und einwandfrei geklärt worden ist. Es scheint mir daher angebracht, auch hierauf etwas ausführlicher einzugehen. Wer an diesen Fragen weniger Interesse hat, mag bei der ersten Lektüre dieses Buches über die nachstehenden Ausführungen hinweggehen. Er wird dann vielleicht eines Tages wieder darauf zurückkommen und sich freuen, wenn er sich näher über diese Fragen unterrichten kann.

Zunächst scheinen mir gewisse Unklarheiten über die Frage der größten Anfangs- und Endstabilität dadurch entstanden zu sein, daß Begriffe des Großschiffbaues auf die Jolle übertragen worden sind, ohne dieselben entsprechend zu modifizieren. So versteht man z. B. unter Anfangsstabilität im Schiffbau die Stabilität der aufrechten Lage bei verschiedenen Belastungszuständen, weil der

Großschiffbau nur Interesse an aufrecht schwimmenden Schiffen hat. Hier dient dieses Maß hauptsächlich zu Vergleichszwecken mit anderen Schiffen. Von zwei Schiffen gleicher Größe und ähnlichen Ladungsverhältnissen wird das mit der größeren Breite und hoher Anfangsstabilität härtere Bewegungen im Seegang machen als das mit geringer Breite und niedriger Anfangsstabilität. Letzteres wird nicht mit so großen Kräften in die aufrechte Lage zurückgeworfen wie das erstere und arbeitet daher weicher. Diese Bewegungen sind für die Passagiere angenehmer, und es gibt Seeschiffe, die ihrer vorzüglichen Seeeigenschaften wegen bei dem reisenden Publikum ganz besonders beliebt sind. Die Stabilitätsverhältnisse dieser Schiffe werden dann gern für Neukonstruktionen zum Vergleich herangezogen. Ähnlich liegt es bei Schiffen anderer Art, wie Frachtdampfern, Erzdampfern, Tankdampfern

Diese Anfangsstabilität gilt für die aufrechte Lage und für ganz kleine Neigungswinkel. Der Verlauf der Stabilität bei Neigungen ist dann wegen der großen Ähnlichkeit in der Spantform bei allen gleichartigen Schiffen auch ähnlich, so daß aus der Anfangsstabilität genügend genaue Schlüsse auf die Stabilität bis zu den Neigungen gezogen werden können, die im Großschiffbau vorkommen.

Für Segeljollen hat aber dieser Begriff der Anfangsstabilität gar keinen Wert. Hier versteht man unter Anfangsstabilität das Verhalten des Schiffes innerhalb gewisser nicht unerheblicher Neigungen. Groß ist diese Anfangsstabilität dann, wenn das Boot seiner Form entsprechend eine starke Zunahme der Stabilitätsmomente bei der Neigung aus der aufrechten Lage heraus bis zu diesen Neigungswinkeln zeigt. Denn die Formstabilität beginnt erst mit der Neigung. Bis dahin ist die Größe des Stabilitätsmomentes abhängig von der Größe des Gesamtgewichtes und des Abstandes des Gewichtsschwerpunktes von Boot und Mannschaft von der Mittellinie, Abb. 32 oben; in der Voraussetzung natürlich, daß die Mannschaft sich auf der Luvseite befindet, was ja erforderlich ist, um die größte Stabilität in der aufrechten Lage festzustellen. Bei geringen Winden wird die Mannschaft immer noch außerhalb der Mitte sitzen, was dann zur Bildung eines entsprechenden Gewichtsmomentes genügt. Zwei Boote gleichen Gewichts und gleicher Breite wird man also unabhängig von ihrer Spantform bis zu derselben Windstärke aufrecht segeln können. Bei stärkeren Neigungen ist dann zu untersuchen, in welcher Weise die Spantform das Stabilitätsmoment verändert. Will man also unter Anfangsstabilität die Stabilität der aufrechten Lage verstehen, so ist dieselbe bei der Segeljolle nicht von der Spantform, sondern vom Bootsgewicht und dem

Hebelarm des Mannschaftsgewichtes abhängig. Diese Auffassung ist aber ganz abwegig, da hier ja nur die Gewichtsstabilität in Wirkung gekommen ist und z. B. für den Flossenkieler, bei dem das Gewicht der Mannschaft wenig in Erscheinung tritt, wieder eine andere Definition der Anfangsstabilität gegeben werden müßte. Denn der Flossenkieler kann theoretisch nicht in aufrechter Lage gesegelt werden, da das geringste Winddruckmoment auch ein Stabilitätsmoment erzeugt, das, wenn es auch noch so klein ist, eine gegenseitige Verschiebung von Deplacements- und Gewichtsschwerpunkt hervorruft. Deshalb umfaßt auch bei Flossenkielern der Begriff der Anfangsstabilität das Verhalten des Schiffes bis zu gewissen Anfangsneigungen, was natürlich gleichbedeutend ist mit dem Verhalten bis zu gewissen Windstärken als Ursache dieser Neigungen. Dies entspricht auch dem Gefühl des Seglers, dem weniger daran liegt, ein Segelboot in unbedingt aufrechter Lage zu segeln als mit geringen Neigungswinkeln, und der von zwei bei mäßigen Winden mit verschiedener „Lage" segelnden Booten den Eindruck hat, daß das aufrechte segelnde Boot die größere Anfangsstabilität besitzt. Wir müssen uns also bei unseren Untersuchungen über die Anfangsstabilität verschiedener Bootsformen mit der Feststellung der Stabilitätsmomente bei kleiner Neigung beschäftigen.

Den Begriff der Endstabilität kennt man nicht im Großschiffbau, da die aus Stabilitätsgründen äußerst zulässige Neigung aus anderen Gründen für den Seemann doch nie erreicht werden kann. Das ist die Rücksicht auf die Manövrierfähigkeit des Schiffes, auf das Überschießen der Ladung, das Vollaufen durch Bulleyes und Kohlenschütten, die Rücksicht auf die Passagiere und den ganzen Bordbetrieb usw. Bei der Segeljolle verstehen wir darunter den Verlauf der Stabilitätsmomente bei äußerster Lage. Groß nennen wir die Endstabilität, wenn die Stabilitätsmomente bis zu möglichst großen Neigungswinkeln immer noch zunehmen, wie die Anfangsstabilität groß war, wenn die Stabilität bei kleinen Neigungswinkeln schnell zunahm. Bei Booten mit großer Endstabilität treffen Winddruckkurven, welche von Booten mit geringer Endstabilität nicht mehr aufgenommen werden, immer noch den aufsteigenden Teil der Stabilitätskurven. Im Großschiffbau gibt es außer der Anfangsstabilität nur die Stabilität bei Neigungen.

Das Breitenträgheitsmoment der Schwimmwasserlinie.

Sind wir uns nun über den Begriff der Anfangs- und Endstabilität klar geworden, so müssen wir nun eine zweite „Überlieferung" aus dem Großschiffbau näher ins Auge fassen und das ist die Behauptung, daß die Stabilität eines Bootes von dem Breitenträgheitsmoment der Schwimmwasserlinie abhängt. Von diesem Breitenträgheitsmoment wollen wir uns nur merken, daß die Breite der Wasserlinie darin eine überragende Rolle spielt und daß die Größe dieses Momentes mit der dritten Potenz der halben Breite wächst, aber nur mit der einfachen Dimension der Länge. Will man also ein solches Moment vergrößern, ohne die Abmessungen des Bootes zu sehr zu ändern, so empfiehlt sich eine geringe Vergrößerung der Breite in der Wasserlinie und nicht der Länge. Demnach hat ein Boot mit breiter Wasserlinie ein wesentlich größeres Breitenträgheitsmoment als ein Boot mit schmaler Wasserlinie.

Was hat es nun mit diesem Breitenträgheitsmoment auf sich?

Betrachten wir Abb. 34, so sehen wir, daß bei der Neigung ein Teil des Bootes aus dem Wasser austaucht, ein anderer ebenso großer eintaucht. Die Querschnittsform dieser Keilstücke OAB und OCD ist ein Dreieck, dessen Winkel zwischen der neuen und der alten Wasserlinie der Neigungswinkel des Bootes ist. Auf die ganze Länge des Bootes bezogen,

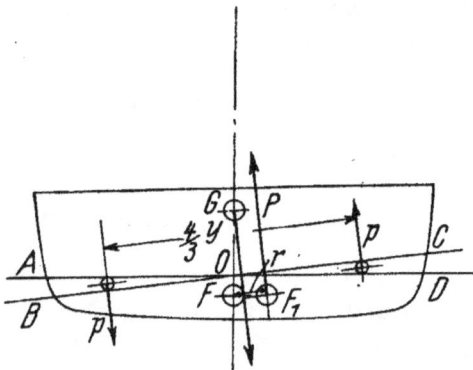

Abb. 34. Statisches Moment $\frac{4}{3}$ y · p der ein- und austauchenden Keilstücke, wenn y die halbe Breite der Wasserlinie ist.

ist also ein Teil des Deplacements ausgetaucht, ein ebenso großer eingetaucht. Nehmen wir zunächst der Einfachheit halber an, daß der gezeichnete Querschnitt sich über die ganze Länge des Bootes nicht verändert, daß es sich also um einen rechteckigen Körper von überall gleichem Querschnitt handelt, dann kann man das Gewicht dieses aus- und eingetauchten Deplacements im Schwerpunkt der Dreiecksfläche angreifend annehmen. Hat bei dieser kleinen Neigung die Breite der Wasserlinie sich nicht verändert, dann haben die Schwerpunkte von dem Punkt O einen Abstand von $\frac{2\,y}{3}$, wenn y die halbe Breite der Wasserlinie ist. Ist das Gewicht des aus- oder eintauchenden Teiles = p, dann haben wir hier ein neues Kräftepaar von der Größe $\frac{4}{3}$ y · p

62

Die Größe p ergibt sich aus dem Querschnitt der Dreiecke, wenn wir die Länge = 1 setzen, damit sie aus unserer Betrachtung herausfällt. Wir berechnen dann das Deplacement p für 1 cm Länge. Nach einem bekannten Satz aus der Geometrie ist der Querschnitt des Dreiecks dann $= \frac{1}{2} y^2 \cdot \sin \alpha$, wenn α der Neigungswinkel ist.

Das Kräftepaar $\frac{4}{3}$ py, das ja gleichbedeutend mit dem statischen Moment dieser Dreiecke ist, ist dann $= \frac{2}{3} y^3 \sin \alpha$. (9)

Das ist für uns insofern eine sehr wichtige Größe, als wir nun auch die Auswanderung des Deplacementsschwerpunktes aus der Mitte festgestellt haben. Denn nach einem bekannten Satz aus der Mechanik steht diese Strecke r, die uns ja die Formstabilität ergibt, zu der Strecke $\frac{4\,y}{3}$ in demselben Verhältnis wie das Deplacement p zu dem Gesamtdeplacement P des Bootes. Darnach ist nun also $r : \frac{4}{3} y = p : P$

Es ist also

$$r = \frac{p \cdot \frac{4}{3} y}{P} = \frac{\frac{2}{3} y^3 \sin \alpha}{P} \qquad (10)$$

Statt der Strecke r können wir auch das andere Maß der Formstabilität wählen, die Strecke FM, welche $= \frac{r}{\sin \alpha}$ ist. Darnach ist

$$FM = \frac{\frac{2}{3} y^3 \cdot \sin \alpha}{P \sin \alpha} = \frac{\frac{2}{3} y^3}{P} \qquad (11)$$

Der Ausdruck $\frac{2}{3} y^3$ stellt nun das Breitenträgheitsmoment der Schwimmwasserlinie dar, und wir haben also jetzt die Formel vor uns, die zu der falschen Auffassung geführt hat, daß die Stabilität eines Bootes von dem Breitenträgheitsmoment der Schwimmwasserlinie abhänge und daß die Spantform ohne Einfluß auf die Stabilität sei, da in dieser Formel ja nur die Wasserlinie und das Deplacement vorkommt.

Aber erstens hat man es hier nicht mit der Stabilität des Bootes G M zu tun, sondern nur mit der Formstabilität F M, es kommt also noch sehr darauf an, wo G liegt. Für uns, die wir ja gerade die Formstabilität untersuchen, ist natürlich klar, daß diese Stabilität um so größer ist, je größer die Strecke F M ist. Ganz allgemein gesprochen darf man aber nicht von diesem Ausdruck auf die Stabilität des Bootes schließen. Sodann ist die Spantform in der Formel selbstverständlich ganz energisch vertreten. Denn das Deplacement P ist bei gegebener Wasserlinienbreite ja nur von der Spantform abhängig. Wir sehen das deutlich an der Abb. 35, die uns noch viel Freude machen wird, wo bei gleicher Wasserlinienbreite und gleichem Tiefgang die Strecke F M nach Formel 11 ganz verschieden sein muß, je nachdem die Spantform kreisförmig, dreieckig oder quadratisch ist. Die Formstabilität eines Bootes ist also nicht von dem Breitenträgheitsmoment der Schwimmwasserlinie abhängig, sondern von dem Verhältnis dieses Momentes zum Deplacement. Das ist aber ganz etwas anderes, und es ist dem Leser jetzt schon ohne weiteres

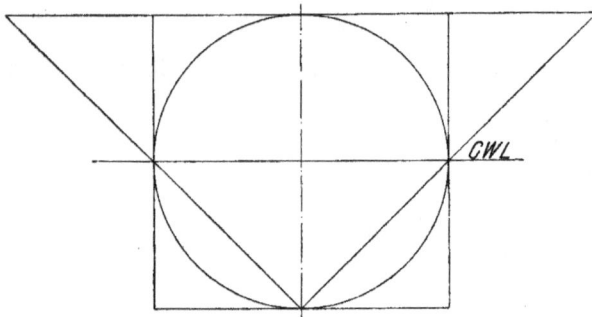

Abb. 35. Kreis, Quadrat und Dreieck von gleicher Wasserlinienbreite und gleichem Tiefgang.

klar, daß ein Boot mit größerer Wasserlinienbreite aber auch entsprechendem Gewicht unstabiler sein kann als ein Boot mit geringerer Wasserlinienbreite aber auch dementsprechend geringerem Deplacement.

Zweitens ist diese Formel ihrer Entstehung gemäß nur gültig für ganz kleine Neigungswinkel. Als Kuriosum sei erwähnt, daß diese Formel ihre Entstehung einer Gleichgewichtslage verdankt, die es im Schiffbau nicht gibt, nämlich der indifferenten. Betrachten wir den kreisförmigen Querschnitt nach Abb. 38, so sehen wir, daß sich nur bei halb eingetauchter Kreisform die Breite der Wasserlinien bei der Neigung nicht verändert. Nur für diesen Fall gilt also, streng genommen, die Angabe, daß der Inhalt der Keilfläche $= \dfrac{y^2}{2} \cdot \sin \alpha$ (12) ist. Bei dem quadratischen wie auch rechteckigen Querschnitt wird aber die obere Wasserlinie mit der

Neigung breiter. Der Inhalt des Keilstückes ist jetzt ausgedrückt durch die Formel $\dfrac{y^2}{2} \cdot \sin \alpha \cdot \cos \alpha$ Abb. 36.   (13)

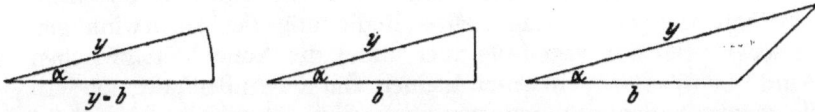

Abb. 36. Form der Keilquerschnitte bei rundem, quadratischem und dreieckigem Spant.

Bei der dreieckigen Spantform würde sie lauten

$$\frac{y \cdot b}{2} \cdot \sin \alpha. \quad \text{(Abb. 36).} \quad (14)$$

Während man also beim kreisförmigen Querschnitt die Strecke F M sowohl aus dem Breitenträgheitsmoment der Wasserlinie als auch aus dem statischen Moment der Keilstücke berechnen kann, wollen wir jetzt untersuchen, ob dies auch bei dem quadratischen Querschnitt möglich ist.

Das statische Moment der ein- und austauchenden Keilstücke.

Nach Abb. 37 könnten wir rechnerisch das statische Moment der Keilstücke für jede Lage ermitteln. Da in diesen Formeln aber sehr viele trigonometrischen Funktionen vorkommen, welche die Formeln unübersichtlich machen, so ist dem Leser mit folgender Betrachtung viel besser gedient.

Der eine Teil des statischen Momentes ist der Querschnitt der Keilstücke. Dieser ist bei rundem Spant $= \dfrac{y^2}{2} \cdot \sin \alpha$. Bei quadratischem Querschnitt ist er $= \left(\dfrac{y^2}{2} \sin \alpha \right) \cos \alpha$. Gegenüber dem ersten Ausdruck verändert sich der zweite also mit dem Kosinus des Neigungswinkels. Für 0^0 ist dieser Kosinus $= 1$. Es ändert sich also nichts in der aufrechten Lage. Aber auch bei einem Winkel von 10^0 ist er noch 0,985 und bei $20^0 = 0,94$. Auch diese Änderung ist nicht erheblich und da der Schwerpunktsabstand, der andere Teil des statischen Momentes, wie wir noch sehen werden, sich bis zu diesem Winkel auch nicht erheblich ändert, so ist die ursprüngliche Formel für F M bis zu diesem Neigungswinkel angenähert richtig, wenn die Dreiecke diese Form behalten, wenn also die Außenhaut in diesem Bereich parallele senkrechte Wände bildet. Das ist nun wieder nur im

Großschiffbau der Fall, wo diese Keilstücke ja nur einen ganz kleinen Teil der Außenhaut ausmachen. Diesen Teil der Außenhaut nennt man die Außenhaut zwischen Wind und Wasser, und derselbe erfüllt für alle vorkommenden Neigungswinkel im Großschiffbau die oben aufgestellte Bedingung des rechtwinkligen Dreiecks. Bei der Segeljolle aber bildet die Außenhaut zwischen Wind und Wasser nicht einen kleinen Teil der Außenhaut, sondern die ganze Außenhaut, wie wir nach Abb. 32 sehen. Sie taucht auf der einen Seite bis zum Deck ein, auf der anderen bis zum Kiel aus. Hieraus ist zunächst schon zu ersehen, daß die Formel für F M, die im Großschiffbau bis zu gewissen Winkeln brauchbare, wenn auch nicht ganz genaue Werte gibt, bei der Segeljolle bei denselben Winkeln nicht angebracht sein kann. Wir werden das bei der weiteren Betrachtung unseres quadratischen Querschnittes noch genauer sehen.

Mit weiterer Neigung nimmt nun der Kosinus auch weiter schnell ab, so daß der Querschnitt der Keilfläche bei 30⁰ nur noch 0,86, bei 45⁰ nur 0,71, bei 60⁰ nur noch 0,5 der Keilfläche bei kreisförmigem Spant mit gleicher Wasserlinienbreite y ist.

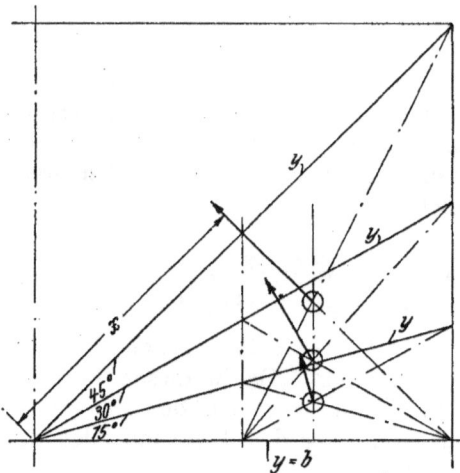

Abb. 37. Veränderung des Schwerpunktsabstandes x bei quadratischem Querschnitt.

Würde der Abstand der Schwerpunkte in entsprechendem Maße zunehmen, so würde das statische Moment wieder gleich bleiben. Er nimmt aber obendrein auch noch ab. Nach Abb. 37 ist der Schwerpunktsabstand von der Mitte = x, da das Gewicht p ja immer senkrecht zur jeweiligen Schwimmwasserlinie wirkt. Der Abstand der Gewichte p von einander ist also 2x. Die Größe dieser Strecke errechnet sich, wie man leicht selbst finden kann, nach einer Formel, die schlimmer aussieht, als sie ist. Sie lautet:

$$2\,x = \frac{2}{3}y\left(2 - \sin\,\alpha \cdot \cos\,\alpha \cdot \operatorname{tg}\,\alpha\right) \qquad (15)$$

Dieser trigonometrische Ausdruck sin α · cos α · tg α nimmt nämlich für 30⁰, 45⁰ und 60⁰ sehr einfache Werte an. Sie sind für

$30^0 = \frac{1}{4}$, für $45^0 = \frac{1}{2}$, für $60^0 = \frac{3}{4}$. Und jetzt ist der Schwerpunktsabstand für $30^0 = \frac{7}{6}$ y, für $45^0 =$ y, für $60^0 = \frac{5}{6}$ y.

Während also beim kreisförmigen Spant der Schwerpunktsabstand immer $\frac{4}{3}$ y ist, geht er beim quadratischen Querschnitt bei 30^0 schon von $\frac{4}{3} = \frac{8}{6}$ auf $\frac{7}{6}$ herunter, bei 45^0 auf $\frac{6}{6}$, bei 60^0 auf $\frac{5}{6}$.
Wir sehen also jetzt deutlich, daß das Breitenträgheitsmoment der jeweiligen Schwimmlinie einen ganz anderen Wert für die Strecke F M ergeben muß, als wenn man dieselbe aus dem statischen Moment der Keilstücke errechnet. Dieses letztere ist aber für die Stabilität maßgebend und nicht das annäherungsweise für kleine Neigungen an die Stelle dieses Momentes getretene Breitenträgheitsmoment der Schwimmwasserlinie. Und was wir hier für den quadratischen Querschnitt festgestellt haben, gilt natürlich auch für den dreieckigen, da sich bei dieser Spantform der Querschnitt der Keilstücke noch mehr gegenüber denen der Kreisform verändern, so daß wir uns hier ähnliche Untersuchungen schenken können.

Mit dem Breitenträgheitsmoment ist es also nichts. Und das ist sehr schade, da es viel einfacher ist, dieses Moment für jede beliebige geneigte Wasserlinie zu errechnen, als langwierige Berechnungen zur Bestimmung der Lage des Deplacementsschwerpunktes anzustellen. Denn das ist deshalb nicht so einfach, weil der Bootskörper ja kein geometrisches Gebilde ist, wie die eben besprochenen Körper. Aber das hilft nichts, wir dürfen jetzt aus der Form der sogenannten geneigten Wasserlinie, die man in vielen Rissen findet, keinen Schluß auf die Stabilitätsverhältnisse des Bootes ziehen, da es nicht auf die Breite dieser Wasserlinie ankommt, sondern darauf, wie weit der Deplacementsschwerpunkt aus der Mitte liegt.

Und der Wanderung dieses Schwerpunktes müssen wir nun unsere weiteren Untersuchungen bei den verschiedenen Spantformen widmen. Gehen wir zu diesem Zweck zu Abb. 35 zurück und behandeln nun die hier angegebenen verschiedenen Formen einzeln.

Die Stabilität des Kreisquerschnittes.

Da ist zunächst der runde Querschnitt nach Abb. 38, von dem das Gerücht geht, daß bei der Neigung der Formschwerpunkt nicht nach der Seite wandert. Wir müssen hier gleich festlegen, daß in Wirklichkeit der Schwerpunkt auch bei Bootskörpern

.nicht nach der Seite wandert, sondern daß sich das Schiff um seinen jeweiligen Deplacementsschwerpunkt dreht. Zeichnerisch aber wandert er gegenüber dem System in der aufrechten Lage nach der Seite. So auch beim kreisförmigen Querschnitt. Es sind hier drei Tauchungszustände betrachtet, um dem Leser zu zeigen, daß das Metazentrum immer im Kreismittelpunkt liegt, und um Vergleichswerte mit den anderen Querschnittsformen zu erhalten.

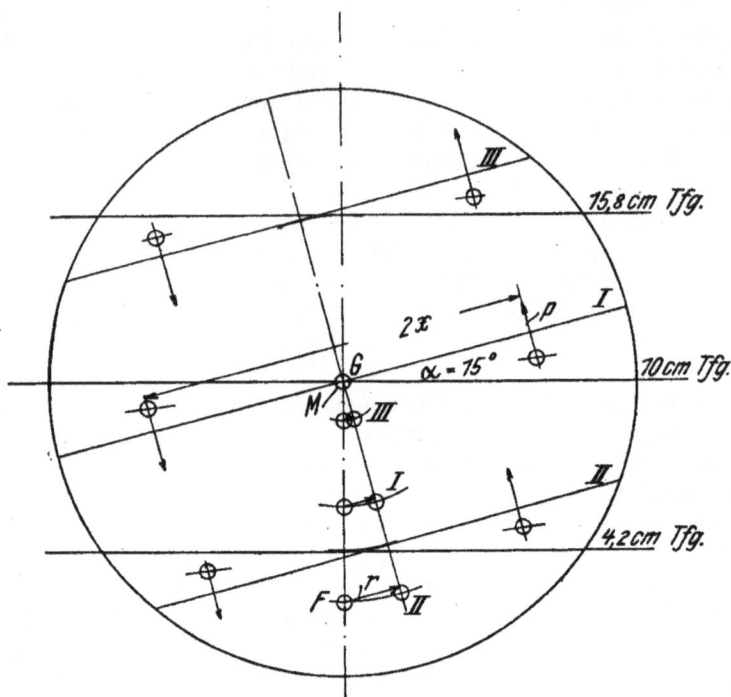

Abb. 38. Wanderung des Deplacementschwerpunktes F bei kreisförmigem Quer-. schnitt.

Ist der Körper bis zur Hälfte eingetaucht, so verändern sich die Breiten der Wasserlinien bei der Neigung nicht. Da wir schon festgestellt haben, daß für diesen Fall das Breitenträgheitsmoment der Wasserlinie dieselben Werte liefert wie die Berechnung aus den statischen Momenten der Keilstücke, so wollen wir uns die Berechnung dieser statischen Momente schenken und das F M aus der Formel für das Breitenträgheitsmoment feststellen. Ist der Radius des Kreises R = 10 cm, dann ist das Deplacement des halbkreisförmigen Körpers von der Länge 1 gleich

$P = \dfrac{R^2 \cdot \pi}{2} = 157$ cm². Der Schwerpunkt F liegt in einer Ent-

fernung von $\dfrac{4\,R}{3\,\pi}$ unter dem Mittelpunkt $= 4{,}25$ cm. So groß muß also unser F M sein, wenn M in den Mittelpunkt fallen soll. Die Formel für die Strecke F M lautet: $F M = \dfrac{{}^2/_3\,y^3}{P}$, woraus sich

ergibt $\dfrac{{}^2/_3\,10^3}{157} = 4{,}25$ cm. Die Sache stimmt also.

Für einen Tiefgang von 4,2 cm ergibt sich nach ähnlichen Formeln das Deplacement $P = 49$ cm² und der Schwerpunktsabstand zu 7,5 cm. Bei der Neigung schneiden sich die Wasserlinien nicht mehr in der Mitte sondern seitlich davon. Die Dreiecksform der Keilstücke hat jetzt Ähnlichkeit mit derjenigen der dreieckigen Querschnittsform. Das statische Moment dividiert durch das Deplacement ergibt aber ein ganz anderes r wie wir noch sehen werden, da dieses Deplacement eben ein kreisförmiges und nicht dreieckiges ist. Der beste Beweis dafür, daß es bei der Formel für F M nicht nur auf die Größe des Deplacements ankommt, sondern auch auf die Form, in die das Deplacement gekleidet ist, ist jetzt die Tatsache, daß auch in diesem Fall, trotz der Veränderung der Dreiecksform, mit dem Breitenträgheitsmoment der geneigten Wasserlinie gerechnet werden kann, genau wie bei der halb eingetauchten Kugel.

In der nachfolgenden Tabelle sind die Werte des statischen Momentes der Keilstücke, der Strecke r und der Strecke F M $= \dfrac{r}{\sin\,\alpha}$ usw. neben denen des Trägheitsmomentes für 15⁰ Neigung zusammengestellt. Der Einfachheit halber sind dabei die Schwerpunkte der Keilstücke und ihre Abstände zeichnerisch ermittelt. Die Tabelle gibt die Werte für 4,2 cm und 15,8 cm Tiefgang an. p ist der Querschnitt eines Keilstückes, 2 x der Abstand der Schwerpunkte, y ist $= 8{,}2$ cm. Für den Tiefgang von 15,8 cm ergibt sich ein Deplacement von 265,6 cm² und ein Schwerpunktsabstand von 1,384 cm unter G.

Berechnung der Strecke F M für 15⁰ Neigung.

Tiefgang	$p \cdot 2\,x$	$=$ St Mom	$: P$	$=$ r	$: \sin\alpha$	$=$ F M
4,2 cm	$8{,}8 \cdot 10{,}8 =$	95	: 49	$= 1{,}94$	: 0,259	$= 7{,}5$
15,8 cm	$8{,}8 \cdot 10{,}8 =$	95	: 265,16	$= 0{,}358$	: 0,259	$= 1{,}384$

$$\frac{2}{3} y^3 : \quad P = F\,M$$
$$368 \quad : \quad 49 \quad = 7,5$$
$$368 \quad : 265,6 = 1,384.$$

Wir sehen also, daß in beiden Fällen derselbe Wert für F M herauskommt, und daß derselbe die schon vorher errechnete Größe des Deplacementsabstandes vom Kreismittelpunkt hat. Das Metazentrum fällt also in allen Fällen mit diesem Punkt zusammen. Und da sich die Breiten der Wasserlinien bei weiteren Neigungen nicht ändern, ändern sich auch die Metazentren nicht. Die Deplacementsschwerpunkte wandern auf einem Kreis mit dem Radius R = F M. Den Abstand des Deplacementsschwerpunktes von dem Punkt F kann man dann für die verschiedenen Neigungen einfach durch Multiplikation der Strecke F M mit dem Sinus des Neigungswinkels finden, um seine Lage mit derjenigen anderer Querschnitte vergleichen zu können.

Der Kreisquerschnitt hat also in demselben Sinne Formstabilität wie jeder andere Körper. Liegt der Gewichtsschwerpunkt auch im Kreismittelpunkt, so ist die Gewichtsstabilität immer genau so groß und entgegengesetzt gerichtet. Die Stabilität ist dann in allen Lagen 0, das typische und im Wasser einzige Beispiel des indifferenten Gleichgewichtes. Liegt der Gewichtsschwerpunkt aber unter dem Kreismittelpunkt, so besteht positive Stabilität. Liegt er darüber, so kann nur so lange labiles Gleichgewicht bestehen, bis der Gewichtsschwerpunkt durch eine Drehung um 180⁰ unter das Metazentrum gelangt und dadurch wieder positive Stabilität herstellt.

Der quadratische Querschnitt.

Wir gelangen jetzt zu einem sehr interessanten Querschnitt, der Urform unseres U-förmigen Spantquerschnittes, dem quadratischen (Abb. 39). Hier ist die halbe Wasserlinienbreite überall = b = 10 cm, während die geneigte mit y bezeichnet werden soll. In halb eingetauchtem Zustand liegt der Deplacementsschwerpunkt = b/2 = 5 cm unter dem Mittelpunkt. In der aufrechten Lage ist das Breitenträgheitsmoment = $\frac{2}{3}$ b³ = 666, dividiert durch das Deplacement = 200 gibt 3,33 cm. Das wäre die Lage des Metazentrums über dem Deplacementsschwerpunkt. Wir sehen also, daß der Körper in labilem Gleichgewichtszustand ist und negative Stabilität besitzt, also unstabiler ist als der für „unstabil" bekannte kreisförmige Querschnitt. Er wird sich nun auf die Seite neigen. Die nachfolgende Tabelle ergibt wieder die Werte für die Auswanderung des Deplacementsschwerpunktes und die Strecke F M für 15°, 30° und 45° berechnet aus den statischen Momenten der Keilstücke.

$$\alpha \quad \quad p \quad \cdot \quad 2\,x \quad = \text{St Mom}: \quad P \quad = \quad r \quad : \sin \alpha = F\,M$$

$$15° \quad 13{,}25 \cdot 13{,}30 = \quad 176 \quad : 200 = 0{,}88 : 0{,}259 = 3{,}40$$

$$30° \quad 28{,}50 \cdot 13{,}40 = \quad 382 \quad : 200 = 1{,}91 : 0{,}50 = 3{,}82$$

$$45° \quad 50{,}00 \cdot 14{,}2 = \quad 710 \quad : 200 = 3{,}55 : 0{,}71 = 5{,}00$$

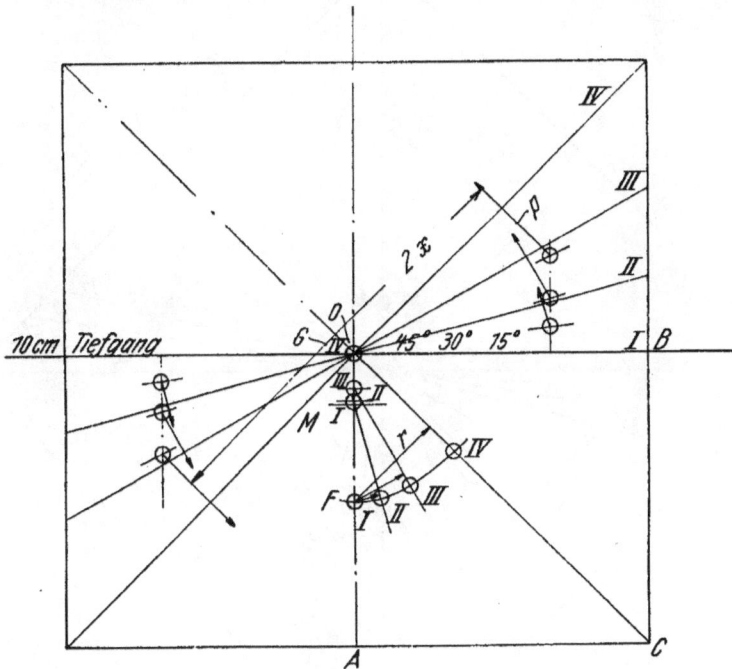

Abb. 39. Wanderung des Deplacementschwerpunktes F bei quadratischem Querschnitt. Negative Anfangsstabilität.

Erst bei 45° fällt das Metazentrum mit dem Mittelpunkte, also dem Gewichtsschwerpunkt, zusammen. Das heißt aber, daß der Körper jetzt nicht mehr flach auf dem Wasser liegt, sondern diagonal hochkant. In diesem Falle fällt also Auftrieb und Gewicht in eine Senkrechte, der Körper ist im Gleichgewicht. Aber in welchem Gleichgewicht? Um dies festzustellen, müssen wir den Körper noch weiter drehen. Es tauchen dann aber unregelmäßige Vierecke ein, welche die Sache unübersichtlich machen. Wir nehmen daher nach Abb. 40 diese eben festgestellte Gleichgewichtslage als neue aufrechte Lage an und drehen den Körper nun weiter.

71

Vorher tragen wir aber auf der alten Mittellinie O A, die jetzt
nach links gerückt ist, die alten Metazentren ab und tragen die
schon gefundenen Schwerpunkte ein; diese liegen, wie noch bemerkt
sei, immer auf einer Geraden durch den Deplacementsschwerpunkt
der aufrechten Lage, die parallel läuft zu der Verbindungslinie
der Schwerpunkte der Keilstücke.

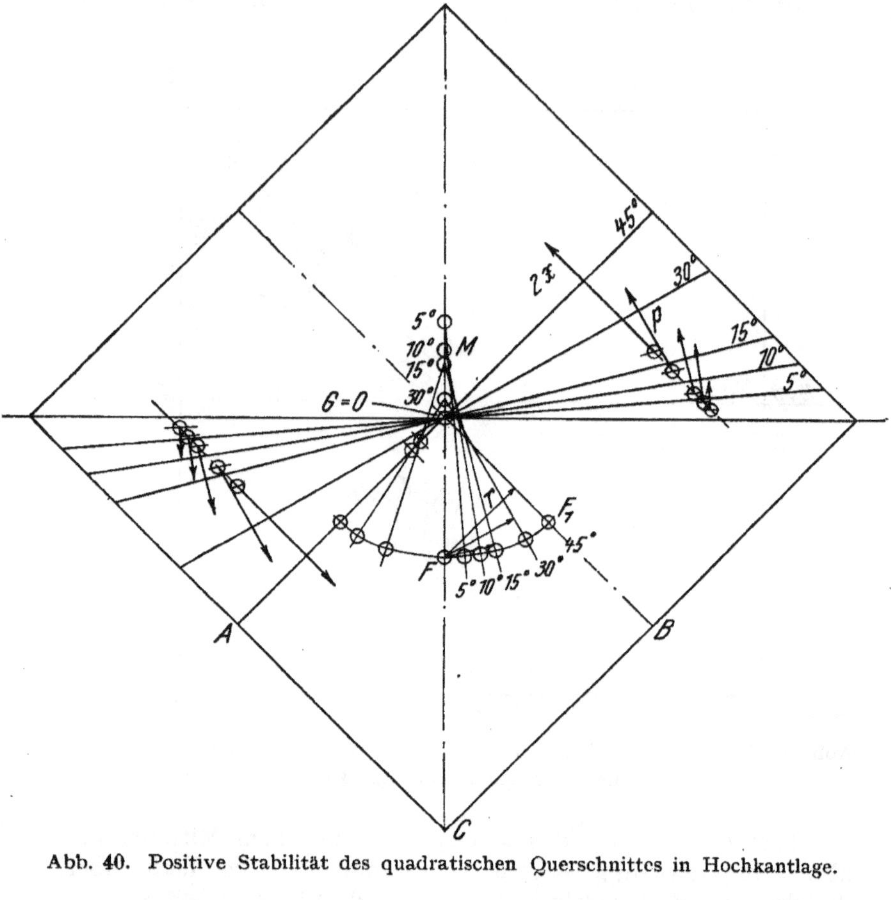

Abb. 40. Positive Stabilität des quadratischen Querschnittes in Hochkantlage.

Der Deplacementsschwerpunkt der neuen aufrechten Lage
liegt jetzt auf $^1/_3$ der Strecke O C = 4,74 cm. Da die Wasserlinie
jetzt 14,15 cm breit ist, ist das Breitenträgheitsmoment (das wir
jetzt für die aufrechte Lage wieder verwenden können) dieser
Wasserlinie $= 2 \cdot \dfrac{14,15^3}{3} = 948$ dividiert durch das Deplacement
= 200 gibt 4,74 cm. Wir finden also auch auf diesem Wege, daß

in dieser Lage G und M zusammenfallen. Drehen wir den Körper weiter, so stellen wir zwei Tatsachen fest, die im ersten Augenblick an Rechenfehler glauben lassen. Die Sache stimmt aber, und wir müssen uns davon überzeugen, daß die Strecke M G (Abb. 26) nicht immer ein Maß der Stabilität ist und daß es falsche Metazentren gibt. Um diese besser zu erkennen, fügen wir zu unsern Neigungen von 15°, 30° und 45° noch 5° und 10° hinzu. Die nachfolgende Tabelle gibt wieder die interessierenden Werte.

α	p	· 2 x	= St	Mom :	P	=	r	: sin α	= F M
5°	7,8	· 18,2	=	142	: 200	= 0,71	: 0,088	= 8,1	
10°	14,2	· 18,00	=	256	: 200	= 1,28	: 0,174	= 7,35	
15°	21,5	· 17,00	=	366	: 200	= 1,83	: 0,259	= 7,00	
30°	36,75	· 15,2	=	559	: 200	= 2,79	: 0,50	= 5,59	
45°	50,00	· 13,4	=	670	: 200	= 3,35	: 0,71	= 4,74	

Tragen wir die Werte für F M auf, so machen wir die Entdeckung, daß das F M der aufrechten Lage bei der geringsten Neigung nach der Seite auf einen Höchstwert springt, um dann bei weiteren Neigungen wieder abzunehmen und bei 45° wieder bei dem ersten Wert anzulangen. Wir wollen diese Metazentren und Schwerpunkte nach Abb. 41 besonders herausziehen.

Die Verbindungslinien der Deplacementsschwerpunkte mit den Metazentren der Mittellinie O C gehen zugleich durch die Metazentren auf der Mittellinie O A und O B. Was für O A negative Stabilität, also umstürzende Bewegung ist, bedeutet für O C als Mittellinie positive Stabilität. Liegt der Balken also diagonal hochkant, so ist er in stabilem Gleichgewicht, da die geringsten Drehungen nach links und rechts positive, also wieder zurückdrehende Momente ergeben. Wie sehen aber diese Momente aus? Nach der Lage von M zu urteilen, nehmen sie aus der aufrechten Lage heraus von einem größten Wert ab bis zu einem kleinsten. Betrachtet man sich aber unser berühmtes Stabilitätsmoment P · a genauer, also ohne M, so sieht man, daß die Strecke a von einem kleinsten Wert zunimmt bis zu einem größten bei etwa 15° Neigung, um dann wieder bei 45° zu 0 zu werden. Bei diesen sich überschneidenden Mittelsenkrechten ist also aus der sogenannten metazentrischen Höhe kein Urteil über die wirklichen Stabilitätsverhältnisse möglich. Dazu kann immer nur die Strecke a dienen, die also, wie hier bewiesen, nicht immer mit G M gleichartig verläuft.

Jetzt ist aber noch eine Eigentümlichkeit. Gemäß der letzten Tabelle haben wir für 45° Neigung aus der Mittellinie O C heraus festgestellt, daß M mit G zusammenfällt. Bei dieser Neigung liegt aber der Körper wieder flach auf dem Wasser, wie in seiner Ursprungslage mit O A als Mittellinie, so jetzt mit O B. Für diese Lage hatten wir ein labiles Gleichgewicht festgestellt und ein M unter G, was doch auch jetzt wieder vorhanden sein müßte.

Aber so wie wir für die diagonale Hochkantlage nochmal durch eine Kontrollrechnung mit O C als neuer Mittellinie festgestellt haben, ob in diesem Fall, wo Auftrieb und Gewicht in eine Gerade fallen, auch wirklich M und G zusammenfallen, so müssen wir jetzt, wo diese beiden Kräfte wieder in eine Senkrechte fallen, dasselbe tun und finden jetzt das wahre Metazentrum nicht in G, sondern erheblich darunter. Die Erklärung ist die, daß ja diese Mittelsenkrechte die Strecke O C nur in O schneiden kann, so daß sich, wie Figura zeigt, das wahre Metazentrum für eine neue Gleichgewichtslage vielfach nur durch neue Rechnung mit dieser Mittelsenkrechten als neue Mittellinie ergibt. Diese Feststellung ist aber sehr wichtig für die Beurteilung der Gleichgewichtslage. Denn bedeutet für die diagonale Hochkantlage das Zusammenfallen von M und G stabiles Gleichgewicht, so bedeutet das Zusammenfallen jetzt labiles Gleichgewicht, da bei der geringsten Neigung nach links oder rechts der Körper aus dieser Lage in die diagonale umstürzt.

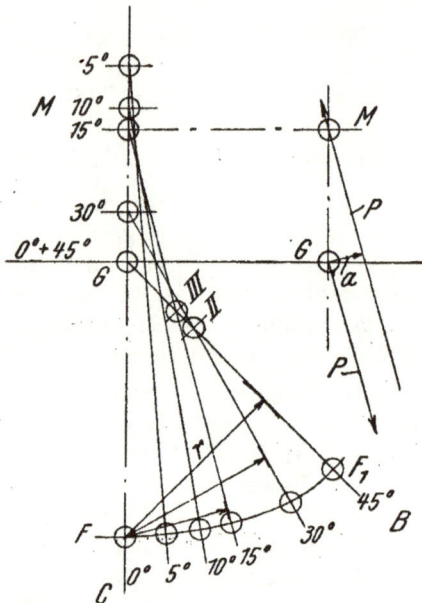

Abb. 41. Ungleichartiger Verlauf der meta-zentrischen Höhe M G und des Stabilitäts-momentes P · a. M G ist am größten bei 5°, die Strecke a bei 15° Neigung.

Das Zusammenfallen von M und G kann also bei jeder Gleichgewichtslage möglich sein. Um welche Gleichgewichtslage es sich handelt, muß immer durch Drehung nach links oder rechts festgestellt werden.

Der quadratische Querschnitt ist also in der wagerechten Lage unstabiler als der runde. Es erhebt sich jetzt, nachdem wir Interesse für diesen eigenartigen Körper bekommen haben, die

Frage, ob der Körper immer in der diagonalen Lage schwimmt. Wie schwimmt er, wenn er nicht bis zur Mitte eintaucht?

Wir können leicht die Bedingung aufstellen, die erfüllt sein muß, wenn seine geringste Stabilität in der wagerechten Lage noch gerade 0 ist, damit er bei Neigungen in diese Lage zurückkehrt. Nach Abb. 42 muß lediglich der Abstand des Schwerpunktes von O gleich dem F M der aufrechten Lage sein. Wenn x der Tiefgang ist, dann liegt der Deplacementsschwerpunkt x/2

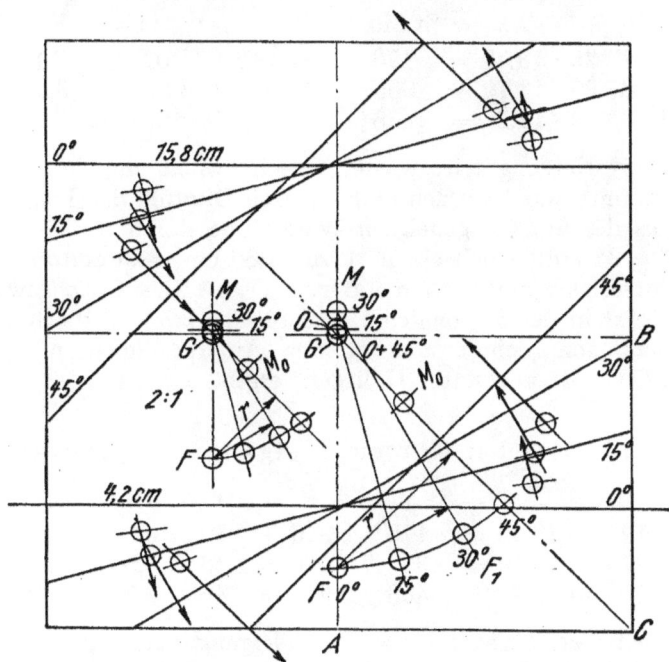

Abb. 42. Positive Anfangsstabilität des quadratischen Querschnittes bei einem Tiefgang von 0,21 und 0,79 seiner Kantenlänge.

über dem Boden. F M ist dann einmal: $b - x/2$, außerdem

$$= \frac{\frac{2}{3}\,b^3}{2\,b \cdot x};$$ der Nenner stellt natürlich das Deplacement dar. Aus der Gleichsetzung dieser Ausdrücke ergibt sich $x_1 = 0,42$ b und $x_2 = 1,58$ b. Ist b $= 10$ cm, dann ist $x_1 = 4,2$ cm, $x_2 = 15,8$ cm. Das sind die Tiefgänge, die beim kreisförmigen Querschnitt schon behandelt sind, die Deplacementsschwerpunkte liegen dann 7,9 bzw. 2,1 cm unter O oder G.

Wir wollen gemäß Abb. 42 zuerst den 4,2 cm Tiefgang behandeln und sehen, daß bei 30⁰ und 45⁰ nicht mehr formgleiche, sondern nur noch inhaltgleiche Teile ein- und austauchen und die Wasserlinien sich nicht mehr in der Mitte schneiden, wenn das Deplacement sich nicht bei der Neigung verändern soll. Nach der folgenden Tabelle nimmt die Stabilität von 0 bis etwa 30⁰ wieder zu, um dann bis 45⁰ wieder auf 0 herabzugehen.

Formstabilität bei 4,2 cm Tiefgang des Quadrates.

α	p	·	2 x	= St Mom	:	P =	r	: sin α	= F M
15⁰	13,25	·	13,30 =	176	:	84 =	2,1	: 0,259	= 8,1
30⁰	27,90	·	13,10 =	365	:	84 =	4,36	: 0,500	= 8,7
45⁰	38,40	·	12,2 =	468	:	84 =	5,58	: 0,707	= 7,9

Bei 45⁰ Neigung tritt wieder Gleichgewicht ein, das wieder besonders untersucht werden muß. Durch Division des Trägheitsmomentes der um 45⁰ geneigten Wasserlinie durch das Deplacement P = 84 ergibt sich ein F M von 4,86 cm, während der Deplacementsschwerpunkt 8 cm unter G liegt. Das Gleichgewicht ist also jetzt in der diagonalen Hochkantlage labil, was sich auch schon aus den Schnittpunkten der Auftriebslinien mit der Strecke O C, die alle unter G liegen, ergibt.

Formstabilität bei 15,8 cm Tiefgang des Quadrates.

α	p	·	2 x	= St Mom	:	P =	r	: sin α	= F M
15⁰	13,25	·	13,30 =	176	:	316 =	0,556	: 0,259	= 2,15
30⁰	27,90	·	13,10 =	365	:	316 =	1,16	: 0,50	= 2,31
45⁰	34,40	·	12,2 =	468	:	316 =	1,48	: 0,707	= 2,10

Dasselbe ergibt sich bei einem Tiefgang von 15,8 cm, nur sind jetzt, da der Deplacementsschwerpunkt dicht unter G liegt, die Strecken F M ganz klein. Um die Zeichnung nicht zu verwirren, sind sie links daneben in doppeltem Maßstab eingezeichnet. Es stellen sich dieselben Verhältnisse, also auch labiles Gleichgewicht bei 45⁰ Neigung, ein. Da das Breitenträgheitsmoment der Wasserlinie bei 4,2 und 15,8 cm Tiefgang in der aufrechten Lage gleich groß ist, so sieht man hier besonders deutlich, wie wichtig es ist, bei Beurteilung der Stabilität eines Körpers nicht das Breitenträgheitsmoment der Schwimmwasserlinie zu beachten, sondern sein Verhältnis zum Deplacement.

Der quadratische Querschnitt ist also in der wagerechten Lage stabil, wenn er bis unterhalb 0,21 seiner Kantenlänge oder bis über 0,79 derselben eintaucht. Taucht er bis zur Mitte ein,

.dann ist er in der Hochkantlage stabil. Taucht er aber bis innerhalb der eben angegebenen Grenzen ein, so nimmt er eine Schräglage an, die um so wagerechter ist, je näher sein Tiefgang diesen Grenzen liegt und um so diagonaler, je mehr er sich der Mitte nähert. Die Schwimmlage eines quadratischen Balkens hängt also ganz von seinem spez. Gewicht ab. Was uns aber bis jetzt interessiert, ist, daß der quadratische Querschnitt innerhalb eines Tiefganges von 0,21 und 0,79 seiner Kantenlänge in der wagerechten Lage viel unstabiler ist als der kreisförmige bei gleichem Tiefgang.

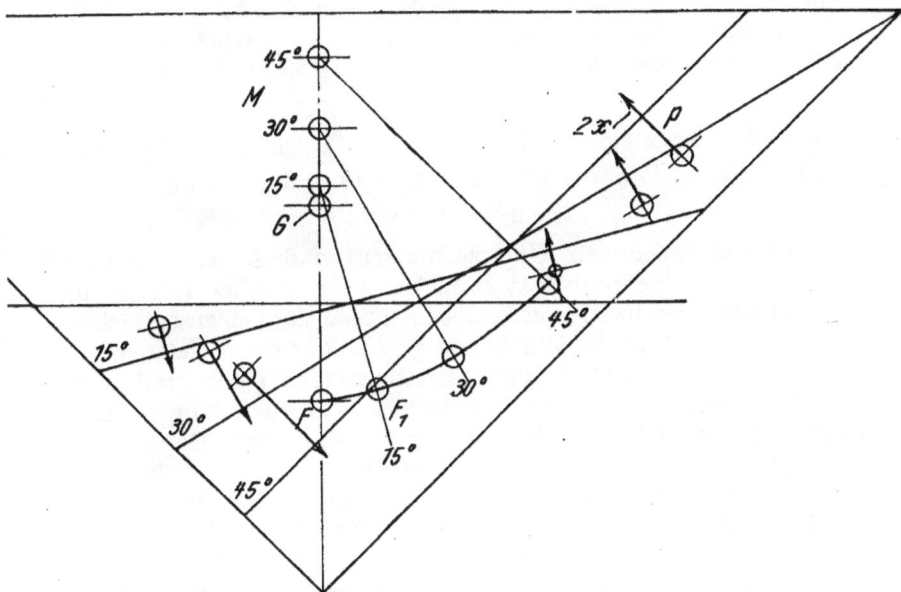

Abb. 43. Positive Stabilität des gleichschenklig rechtwinkligen Dreiecks bei mittlerem Tiefgang.

Der dreieckige Querschnitt.

Der Vollständigkeit halber nehmen wir noch den dreieckigen Querschnitt. Liegt der Gewichtsschwerpunkt auf $^2/_3$ der Höhe, also im Schwerpunkt der Dreiecksfläche und der Deplacementsschwerpunkt auf $^1/_3$ der Höhe von unten, dann ist der gegenseitige Abstand bei 2 mal 10 cm Wasserlinienbreite $= 6,66$ cm. Das Deplacement ist 100. Das Breitenträgheitsmoment der Wasserlinie ergibt $\dfrac{2 \cdot 10^3}{3}$ dividiert durch 100 $= 6,66$ cm. Die Stabilität ist also in der aufrechten Lage bei diesem Tiefgang null.

77

Wir sehen aber, daß bei der Drehung erhebliche positive Stabilitätsmomente entstehen. Die Gleichgewichtslage ist also eine stabile.
Würde der Körper weniger tief eintauchen, so würde er unstabil,
da das Breitenträgheitsmoment schneller abnimmt als der Abstand der Schwerpunkte voneinander. Taucht er tiefer ein, so
wird er immer stabiler. Ein Balken mit gleichschenklig recht-
winkligem Querschnitt muß also mindestens bis zur Hälfte eintauchen, wenn er in dieser Lage schwimmen will.

α	p	$\cdot 2\,x$	= Stat.Mom.	: P	= r	: sin α	=	F M
15⁰	14,0	$\cdot$ 13,7	= 192	: 100	= 1,92	: 0,259	=	7,40
30⁰	30,40	$\cdot$ 15,5	= 471	: 100	= 4,71	: 0,500	=	9,41
45⁰	52,5	$\cdot$ 16,0	= 840	: 100	= 8,40	: 0,707	=	11,85

Kreisförmiges, U- und V-förmiges Spant gleicher Wasserlinienbreite und gleichen Deplacements.

Unsere bisherigen Untersuchungen mußten wir anstellen,
um uns über die Stabilität einfacher geometrischer Körper, die
als Grundformen unserer verschiedenen Spantformen zu betrachten
sind, zu unterrichten. Wir haben gleichzeitig einen tieferen Einblick in interessante Stabilitätserscheinungen getan und unter
anderem erkannt, daß die Stabilität eines Körpers hauptsächlich
von dem Verhältnis der Wasserlinienbreite zum Deplacement
abhängt. Um auf unsere wirklichen Spantformen zu kommen,
müssen wir nun dieselben Querschnitte bei gleicher Wasserlinienbreite und gleichem Deplacement betrachten. Abb. 44 stellt
diese drei Körper dar, wobei zu bemerken ist, daß die Wasserlinienbreite gleich dem Radius des Kreisspantes gewählt ist,
da die gezeichneten Querschnitte dann den wirklichen Verhältnissen sehr nahe kommen. Bei einem Radius von 10 cm ist das
Deplacement für 1 cm Länge = 9 cm³, so daß das U-Spant dann
einen Tiefgang von 0,9 cm und das Dreiecksspant von 1,8 cm hat.
Das weit ausladende dreieckige Spant ist natürlich bei einer entsprechenden Decksbreite abgeschnitten, so daß es die Form eines
Scharpiespantes annimmt, aber auch ähnliche Stabilitätsverhältnisse ergeben wird wie ein stark ausladendes V-Spant mit abgerundeter Kimm. Um die Übersichtlichkeit der Zeichnung zu
wahren, sind die Schwerpunkte der Keilstücke nicht eingezeichnet.
Da das Breitenträgheitsmoment der Schwimmwasserlinie
und das Deplacement in allen drei Fällen das gleiche ist, so ergibt
sich für alle drei Formen ein gleiches F M von 9,2 cm für die
aufrechte Lage.

Der Deplacementsschwerpunkt des kreisförmigen Quer-schnittes liegt nun nach der Formel $\frac{l^3}{12\,f}$, wo l die ganze Wasser-linienbreite und f das Deplacement ist, ebenfalls 9,2 cm unter dem Kreismittelpunkt, so daß also auch M wieder mit diesem Mittel-punkt zusammenfällt. Da der Deplacementsschwerpunkt des

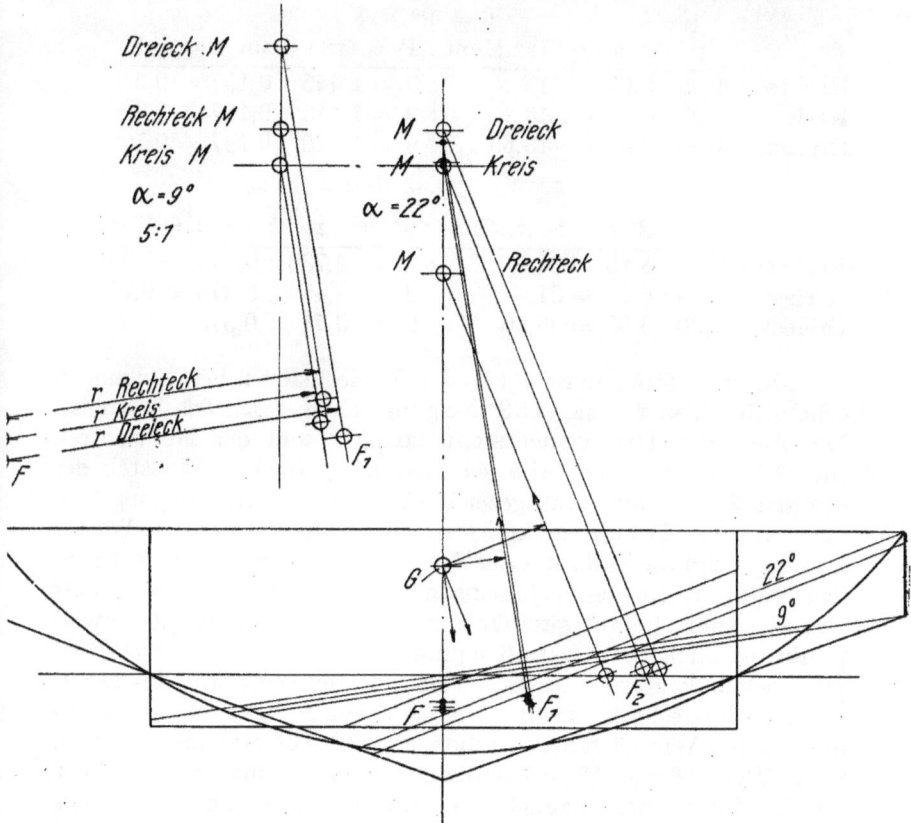

Abb. 44. Stabilität des kreisförmigen, U- und V-förmigen Spantes bei gleicher Wasserlinienbreite und gleichem Deplacement.

rechteckigen Querschnitts aber höher und derjenige des Dreiecks-spantes tiefer als der Deplacementsschwerpunkt der kreisförmigen Fläche liegt, so liegt infolge desselben F M das Metazentrum des rechteckigen Querschnitts über und das des dreieckigen unter dem Kreismittelpunkt. Würde also wieder der Gewichtsschwerpunkt im Kreismittelpunkt liegen, so haben wir beim kreisförmigen Spant indifferentes, beim rechteckigen stabiles, beim dreieckigen

79

labiles Gleichgewicht. Wir sehen also, daß die Stabilität eines Bootes auch um so größer ist, je höher der Deplacementsschwerpunkt liegt. In der aufrechten Lage hat also das rechteckige Spant eine etwas größere Anfangsstabilität als das dreieckige. Aber gemäß nachfolgender Tabelle ergibt sich schon innerhalb kleiner Winkel eine Umkehrung dieser Verhältnisse.

$$\alpha = 9^0$$

p · 2 x = Stat.Mom.: P = r : sin α = F M

Rechteck	1,95 · 6,67 =	13	: 9 = 1,445	: 0,157 =	9,2
Kreis	1,95 · 6,67 =	13	: 9 = 1,445	: 0,157 =	9,2
Dreieck	1,95 · 7,— =	13,65	: 9 = 1,520	: 0,157 =	9,70

$$\alpha = 22^0$$

p · 2 x = Stat.Mom. : P = r : sin α = F M

Rechteck	4,0 · 6,15 =	24,6	: 9 = 2,735	: 0,375 =	7,30
Kreis	4,60 · 6,7 =	31,—	: 9 = 3,45	: 0,375 =	9,20
Dreieck	4,80 · 6,95 =	33,40	: 9 = 3,71	: 0,375 =	9,9

Die Stabilität nimmt bei der Dreiecksform bei Neigungen erheblich zu, so daß sie bei 9⁰ Neigung schon wesentlich höher ist. Die Lage der Deplacementsschwerpunkte und der Metazentren für 9⁰ Neigung sind in Abb. 44 links in fünffachem Maßstab der übrigen Zeichnung herausgezeichnet. Bei weiterer Neigung von 22⁰, wo das Deck des kreisförmigen Querschnitts zu Wasser kommt, steigt die Stabilität der Dreiecksform erheblich an, während das Metazentrum des rechteckigen Querschnittes erheblich unter den Kreismittelpunkt gesunken ist. Würde der Gewichtsschwerpunkt wirklich im Kreismittelpunkt liegen, so würde das Boot jetzt schon kentern. Dieses Fallen des Metazentrums des rechteckigen Querschnitts beginnt in dem Augenblick, wo die Kimm austaucht. Wir hätten das schon an Abb. 42 erkennen können, wo F M von 0⁰ über 15⁰ bis zu dieser Lage zunimmt, um dann über 30⁰ bis 45⁰ wieder abzunehmen. Das Metazentrum dieser Lage würde also, wenn es in Abb. 42 eingezeichnet wäre, über dem bei 30⁰ Neigung liegen.

Nehmen wir aber den Gewichtsschwerpunkt unterhalb des Decks an, wo er unter Berücksichtigung von Mast und Spieren ungefähr liegen wird, und betrachten wieder unser Stabilitätsmoment P · a, so sehen wir, daß die Stabilität des rechteckigen Querschnittes trotz des fallenden Metazentrums doch ungefähr auf das Doppelte gestiegen ist gegenüber dem Dreifachen beim dreieckigen Querschnitt. Auch der kreisförmige Querschnitt hat jetzt wesentlich höhere Stabilität als der rechteckige. An dem rechteckigen Querschnitt sehen wir wieder deutlich, daß die metazentrische Höhe M G nur dann als Stabilitätsmaß angesehen werden kann, wenn es sich um einen Vergleich mit Körpern vollkommen gleichartiger Spantform handelt.

Unter der Voraussetzung gleicher Wasserlinienbreite und gleichem Deplacement hat das V-förmige Spant also sowohl die größere Anfangs- als auch Endstabilität. Dieses Resultat ergibt sich aus der Tatsache, daß beim V-förmigen Spant infolge seiner starken Ausladung unmittelbar über der Wasserlinie und den geringen austauchenden Teilen ein großes Moment der aus- und eintauchenden Keilstücke entsteht, demzufolge der Deplacementsschwerpunkt erheblich nach der Seite wandert.

U - und V - S p a n t g l e i c h e n D e p l a c e m e n t s , a b e r v e r s c h i e d e n e r W a s s e r l i n i e n b r e i t e n .

Mit der immer wieder behaupteten großen Anfangsstabilität des U-Spantes gegenüber dem V-Spant bei gleicher Wasserlinienbreite und gleichem Deplacement ist es also nichts. Aber diese Verhältnisse treten ja in Wirklichkeit auch gar nicht auf, denn es wird im Ernst niemand daran denken, z. B. in der 15 qm-Rennjollenklasse einen Prahm von 1,20 Decksbreite gegenüber einem V-spantigen Boot von 1,60 m Decksbreite und 1,20 m Wasserlinienbreite zu bauen. Der bekannte 15 qm Prahm Syrius z. B., der gerade bei schwerem Wetter erhebliche Stabilität zeigte, hatte eine Decks- und Wasserlinienbreite von 1,65 m. Sieht man von einem derartigen Extrem ab, so könnte man doch einen Prahm von geringerer Breite mit einem entsprechenden V-Boot in Vergleich stellen. Es sei daher nach Abb. 45 zum Schluß noch ein Prahm mit einer etwa 30⁰ größeren Wasserlinienbreite, aber gleichem Deplacement in Vergleich mit dem eben betrachteten V-Spant gesetzt. Nunmehr ergibt sich für die aufrechte Lage bereits ein F M von 20 cm gegenüber 9,2 cm des V-Spantes. Die Ursache hierzu ist wieder das jetzt vorhandene sehr große Verhältnis von Wasserlinienbreite zum Deplacement. Gemäß nachfolgender Tabelle ergibt sich bei 6½⁰ Neigung das gleiche F M von 20 cm gegenüber 10,4 cm der Dreiecksform. Bei 22⁰ nimmt das F M bis auf 11,4 gegenüber 9,9 der Dreiecksform ab. Bei 30⁰, wo das Deck des U-Spantes zu Wasser kommt, ist seine Stabilität mit 9 cm wieder geringer als die des V-Spantes mit 9,55 cm. In diesem Falle ist also die hohe Anfangsstabilität des U-Spantes und die große Endstabilität des V-Spantes erwiesen. Würde das U-Spant dieselbe Breite wie das V-Spant haben, wie z. B. beim Syrius, so braucht nicht erst untersucht zu werden, daß das U-Spant dann die größere Anfangs- und Endstabilität besitzt.

$$p \cdot 2x = \text{Sta. Mom.} \quad : P = \quad r \cdot \sin \alpha = FM$$

Rechteck $6\tfrac{1}{2}^0$	$2,35 \cdot 8,65$	$= 20,3$	$: 9 = 2,26 \cdot 0,113$	$= 20,—$
Dreieck $6\tfrac{1}{2}^0$	$1,50 \cdot 7,05$	$= 10,6$	$: 9 = 1,18 \cdot 0,113$	$= 10,44$
Rechteck 22^0	$5,— \cdot 7,7$	$= 38,5$	$: 9 = 4,27 \cdot 0,375$	$= 11,40$
Dreieck 22^0	$4,80 \cdot 6,95$	$= 33,40$	$: 9 = 3,71 \cdot 0,375$	$= 9,9$
Rechteck 30^0	$7,4 \cdot 5,5$	$= 40,7$	$: 9 = 4,52 \cdot 0,500$	$= 9,—$
Dreieck 30^0	$6,23 \cdot 6,9$	$= 43,—$	$: 9 = 4,77 \cdot 0,500$	$= 9,55$

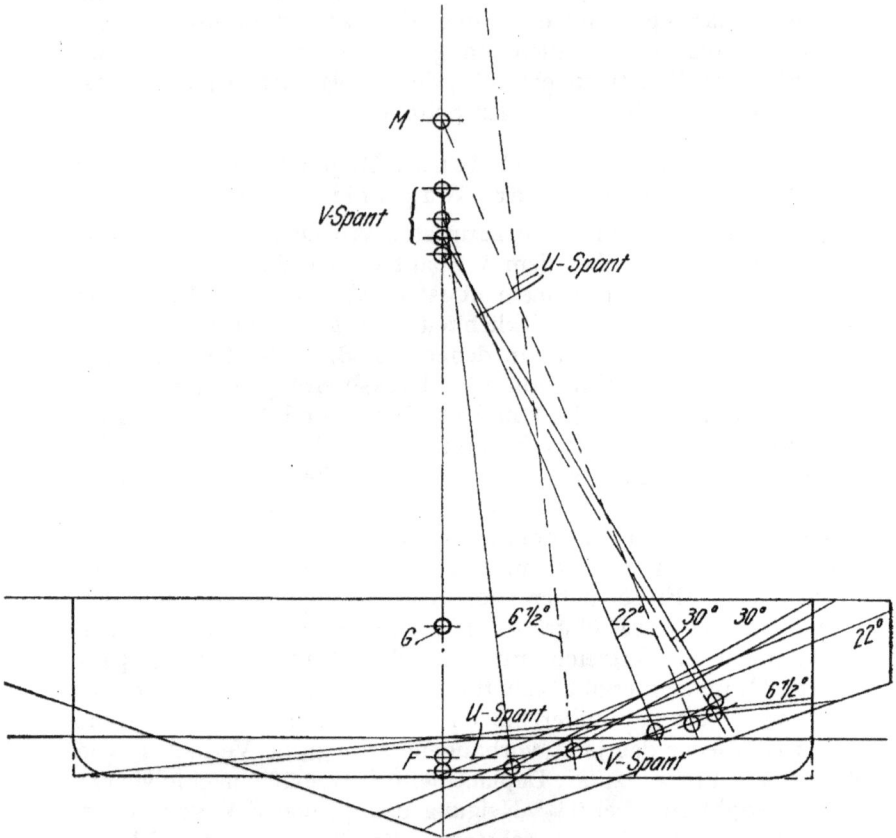

Abb. 45. U- und V-Spant gleichen Deplacements, aber verschiedener Wasserlinienbreite.

Da innerhalb dieser beiden Formen aber die verschiedensten Modifikationen möglich sind, kann man in bezug auf die Stabilität der Segeljollen ohne Berücksichtigung der Wirkung des Hochbordballastes nur aus ihrer Form heraus ganz allgemein sagen, daß dieselbe

1. um so größer ist, je größer das Verhältnis der Wasserlinienbreite zum Deplacement ist;
2. je tiefer der Gewichtsschwerpunkt liegt;
3. je höher der Deplacementsschwerpunkt liegt;
4. je stärker das Spant unmittelbar über der Wasserlinie ausladet und unter Wasser eingezogen ist und je völliger die Wasserlinie dabei ist;
5. um so geringer, je völliger das Hauptspant und je schärfer die Wasserlinie ist.

Brauchte der Konstrukteur nur Rücksicht auf die Stabilität der Spantform zu nehmen, so wäre nach den in vorstehenden Ausführungen gemachten Erkenntnissen seine Arbeit noch verhältnismäßig einfach, obwohl ja auch noch die Wirkung der Hochbordmannschaft berücksichtigt werden muß. Leider vertragen sich aber die Forderungen hoher Stabilität, die große Wasserlinienbreite usw. nicht mit denen des günstigsten Wasserwiderstandes, so daß jetzt die Arbeit des Konstrukteurs einer komplizierten und vielgestaltigen Fragestellung unterliegt. Damit wollen wir das Gebiet der Stabilität verlassen und zu dem des Widerstandes übergehen.

4. Der Wasserwiderstand.

Wir haben bei der Krängung des Bootes durch den Winddruck gesehen, daß ein Kräftepaar aus Winddruck und Wasserwiderstand entsteht, Abb. 29, durch welches die Neigung hervorgerufen wird. Unter Widerstand des Wassers versteht man also eine Kraft, deren Größe in kg gemessen werden kann. Denn wenn ich eine Platte, welche senkrecht im Wasser steht, quer zu ihrer größten Fläche durch das Wasser ziehe, dann kann ich das vermittels einer Schnur machen, welche über eine Rolle läuft und welche an ihrem Ende ein Gewicht trägt. Dieses Gewicht, welches die Platte in Bewegung setzt, ist genau so groß wie der Gegendruck des Wassers, also ist der Widerstand des Wassers direkt gemessen. Die Größe des Widerstandes hängt also ab von der Größe der Fläche, die durch das Wasser gezogen oder gedrückt wird und von der Geschwindigkeit, mit der sie bewegt wird. Außerdem noch von anderen Umständen, wie wir noch sehen werden.

Daß der Widerstand von der Größe der Fläche abhängig ist, gegen die er wirkt, ersieht man leicht, wenn in einer Segeljolle bei seitlichem Wind das Schwert hochgezogen wird. Jetzt ist die Angriffsfläche des Wasserwiderstandes stark verringert, so daß nun auch die Mittelkraft W, welche an Stelle der vielen gegen die Bootswand und das Schwert wirkenden Einzeldrucke gesetzt gedacht ist und im Druckmittelpunkt all dieser Kräfte wirkt, viel kleiner geworden ist. Nun kann diese Kraft mit der viel größeren Windkraft nicht mehr ein Kräftepaar bilden, sondern man muß sich nun die Windkraft in zwei Teile geteilt denken, von welchen der eine Teil in gleicher Größe mit der verringerten Widerstandskraft das die Neigung des Bootes verursachende Kräftepaar bildet, und der andere Teil, welcher keine Gegenkräfte findet, die Jolle quer zur Fahrtrichtung in Bewegung setzt. Das Boot treibt jetzt erheblich nach der Seite ab und nimmt dabei eine beschleunigte Bewegung an, bis der mit der seitlichen Geschwindigkeit des Bootes wachsende Widerstand wieder die Größe des Winddruckes erreicht hat. Infolge des verringerten Kräftepaares, das nach Aufholen des Schwertes wegen des nunmehr höher liegenden Druckmittelpunktes des Wasserwiderstandes auch noch einen kleineren Hebelarm hat, ist die Neigung des Bootes eine geringere als vorher. Das Boot erscheint bei hochgeholtem Schwert stabiler, eine jedem Segler bekannte Erscheinung.

Wie ist es nun mit dem Widerstand in der Fahrtrichtung? Dieser Widerstand interessiert den Segler besonders, denn er weiß, je geringer dieser Widerstand ist, um so schneller ist sein Boot. Oder besser gesagt, je günstiger die Form seines Bootes in bezug auf diesen Widerstand ist, um so schneller ist es. Deshalb ist es seit jeher die Sorge der Schiffbauer und Bootskonstrukteure gewesen, hinter das Geheimnis des Wasserwiderstandes zu kommen und ihre Erkenntnisse für die eigenen Konstruktionen nutzbar zu verwenden. Handelt es sich also bei dem seitlichen Widerstand darum, denselben möglichst groß zu machen, indem man ihn gegen entsprechend große Flächen wirken läßt, so müssen dem Widerstand in der Fahrtrichtung möglichst kleine Angriffsflächen geboten werden. Damit ist es aber allein nicht getan, da die Vorgänge in bewegtem Wasser sehr verwickelter Natur sind.

So ganz ist es bis heute nicht gelungen, diesen Schleier zu lüften, wenn man auch die Erscheinungsformen des Wasserwiderstandes bis zu einem gewissen Grade plausibel erklären kann, und z. B. von Modellschleppversuchen mit ziemlicher Genauigkeit auf die wirklichen Widerstandsverhältnisse großer Schiffe schließen kann. Aber beim kleinen Segelboot ist das doch anders. Da hätten derartige Versuche, selbst wenn man sie trotz ihrer Kostspieligkeit machen würde, keinen Zweck, weil die Antriebskraft, der Wind, in seiner Stärke und Richtung dauernd wechselt und Wirkungen auslöst, die schwer konstruiert oder ins Große oder Kleine übertragen werden können. Denn die kleinen Segelboote bewegen sich in dem sogenannten turbulenten Strömungsgebiet des Windes, das heißt in derjenigen Zone, in welcher die unteren

Schichten der Luft durch die Reibung an der Erd- und Wasseroberfläche abgelenkt werden und deshalb starke Richtungsunter-
schiede und Störungen zeigen. In den oberen Luftschichten fließt
der Wind gleichmäßiger. Wir sind also darauf angewiesen, dem
Wasserwiderstand in anderer Weise zu Leibe zu gehen als an Hand
von Modellversuchen, wollen uns aber die hier gemachten Er-
fahrungen dienen lassen.

Der Formwiderstand.

Jedermann weiß, daß jeder durch das Wasser bewegte Körper
eine Wellenbildung verursacht, die um so stärker ist, je größer die
Geschwindigkeit des Körpers im Wasser ist. Die Ursache dieser
Wellenbildung ist der Formwiderstand des Körpers. Wenn wir
uns des Brettes erinnern, das quer zu seiner größten Fläche durch
das Wasser gedrückt wird, so wissen wir, daß dieses Brett eine
starke sogenannte Stauwelle vor sich her schiebt, und daß der
Widerstand um so größer sein muß, je größer die eingetauchte
Fläche dieses Brettes ist. Wir können aber den Widerstand dieses
Brettes verringern, wenn wir ihm eine breite, keilförmige Spitze
aufsetzen, damit das Wasser nach den Seiten abgelenkt wird.
Anders kann es beim Boot zunächst auch nicht sein. Je größer
der eingetauchte Querschnitt des Bootskörpers an seiner breitesten
und tiefsten Stelle, also der Hauptspantquerschnitt ist, um so
größer ist der Widerstand, den das Boot zu überwinden hat.

Ich habe schon darauf hingewiesen, daß neuerdings die meisten
Konstrukteure sich bemühen, den Hauptspantquerschnitt nicht
mehr an die Stelle der
größten Decksbreite und
des tiefsten Punktes des
Kielstraks zu setzen,
sondern daß diese Punkte
weiter nach vorne ge-
setzt werden, wie Abb. 21
besonders ausgeprägt
zeigt. Abb. 46 gibt das

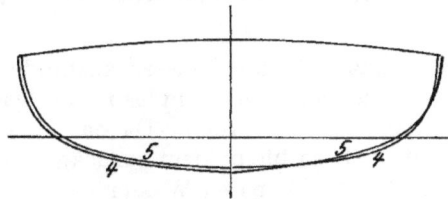

Abb. 46. Verschiedenartiger Einfluß des Haupt-
spantquerschnittes auf den Formwiderstand.

Hauptspant und das da-
vorliegende Spant mit
den Punkten der größten Decksbreite und dem tiefsten Punkt des
Kielstraks im Querschnitt an, und man sieht nun deutlich, daß
das Hauptspant an der breitesten Stelle der Wasserlinie (C. W. L.)
einen wesentlich geringeren Querschnitt hat, als es haben müßte,
wenn alle drei Punkte, wie links gezeichnet, zusammen auf demselben Spant liegen würden und wie es noch alle älteren Entwürfe

zeigen. Trotzdem ist die Querschnittsfläche dieses Spantes an der Stelle der größten Breite der Wasserlinie immer noch größer als diejenige an irgendeiner anderen Stelle des Bootskörpers, so daß die Bezeichnung Hauptspant nach wie vor angebracht ist. Diese Anordnung des Hauptspants ist besonders dann nicht ganz unwesentlich, wenn es sich um Boote handelt, bei denen Wasserlinien- und Decksbreite vorgeschrieben sind, z. B. bei den 15 qm-Wanderjollen, und welche mit Rücksicht auf das unterzubringende Deplacement einen verhältnismäßig großen Tiefgang erhalten müssen. So wird einerseits durch Verringerung des größten Querschnitts der Formwiderstand möglichst verringert, anderseits das Vorschiff, das für den Formwiderstand maßgebend ist, so schlank wie möglich gehalten. Nur bei Booten, deren Länge durch irgendwelche Vorschriften beschränkt ist, ist man in der Zuschärfung des Vorschiffes im gewissen Grade gehindert. Wie man das Vorschiff am besten ausgestaltet, darüber nachher.

Es ist also in erster Linie das Vorschiff, welches den Formwiderstand verursacht. Wer einmal am Bug eines Dampfers gestanden und in die Bugwelle gesehen hat, der hätte deutlich feststellen können, daß diese Bugwelle durch den Stoß des Schiffes

Abb. 47. Schematischer Verlauf der Bugwelle. Vgl. hierzu Abb. 22.

gegen das ruhende Wasser zustande kommt und die einzelnen Wasserteilchen senkrecht zur Bordwand, also schräg zur Seite zurückgeworfen werden. Da das Wasser selbst nicht zusammenpreßbar ist, so bleibt dem zurückgeworfenen Wasser nur die Möglichkeit, sich über den Wasserspiegel zu schieben und so die Bugwelle zu bilden. Da das Zurückwerfen des Wassers nach den Gesetzen des Stoßes nicht in der Fahrtrichtung geschieht, sondern, wie schon gesagt, quer zur Bordwand, so wird das Wasser also um so mehr nach der Seite und weniger nach vorn geworfen, je schärfer das Vorschiff ist. Die Entstehung der Bugwelle kann man sich auch so vorstellen, daß zunächst durch das Vorschiff, das ja eine dem Deplacement des Vorschiffes entsprechende Wassermenge wegdrücken muß, ein Druck gegen das Wasser sowohl nach vorn als auch nach der Seite ausgeübt wird, der sich in einer deutlich wahrnehmbaren Überhöhung des Wassers, das ja nicht zusammendrückbar ist, zeigt und daß nur diejenigen Teilchen dieser Überhöhung einen direkten Stoß erleiden, die mit der Bordwand in Berührung kommen. Da diese Anhäufung von Wasser vor dem Bug des Schiffes mit der Geschwindigkeit des Bootes sich vorwärts bewegt, übt sie infolge der Zähigkeit des Wassers auch auf das umgebende Wasser einen Einfluß aus, dementsprechend weitere Teile um so wirksamer in Bewegung gesetzt werden, je näher sie dieser Wasseranhäufung liegen. Abb. 47 gibt ein ungefähres Bild des Verlaufes einer Bugwelle, aus der deutlich zu ersehen ist, wie die Wirkung auf das umgebende Wasser mit dem Abstand vom Boot abnimmt. Infolge der verzögerten Kraftwirkung, mit der diese Teile in Bewegung gesetzt werden, und infolge der durch die innere Reibung des Wassers sich allmählich verringernden Kraft, liegen diese Teile der Bugwelle weiter zurück und flachen die Bugwelle stark ab. Auch Abb. 22 zeigt deutlich diesen Verlauf. Es ist also nicht nur das vom Vorschiff verdrängte Deplacement, was sich hier an beiden Seiten als Wasseranhäufung zeigt, sondern eine regelrechte durch eine bewegte Wassermenge erzeugte

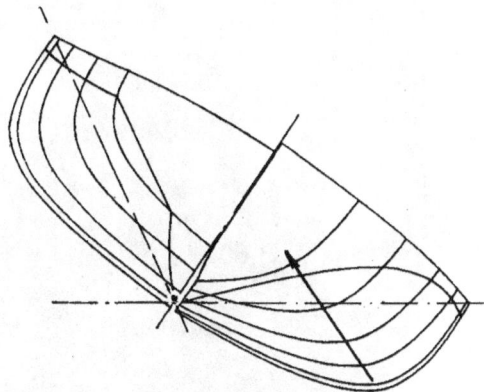

Abb. 48.

Angenäherter Verlauf der geneigten Wasserlinie.

Welle. Da diese Wasseranhäufung nur durch eine Wasserverringerung an anderer Stelle zustande kommen kann, muß auf diesen Wellenberg ein Wellental folgen, dem wieder ein schwächerer Wellenberg folgt, sofern nicht durch andere Umstände dieser zweite Wellenberg wieder verstärkt wird. Die Höhe und Länge der Welle sowie ihre Lage zum Schiff, ob schlank nach hinten verlaufend oder quer zur Fahrtrichtung, hängt von der Form des Vorschiffes und der Geschwindigkeit des Bootes ab. Bei unseren kleinen Segelbooten beträgt die Länge dieser Welle nicht mehr als 4—4,5 m, was zu wissen deshalb wichtig ist, weil die Lage der Heckwelle für die Geschwindigkeit des Bootes von größter Bedeutung ist.

Bevor auf diese Heckwelle eingegangen wird, sei noch darauf hingewiesen, daß das Boot infolge der Wasseranhäufung am Vorschiff vorne gehoben und infolge des Wellentales unter dem Achterschiff hinten gesenkt wird, so daß das Boot eine andere

Trimmlage bekommt. Dementsprechend ist auch der Verlauf der Wasserlinie am Bootskörper, wie Abb. 48 zeigt, ein ganz anderer, als es gewöhnlich die geneigte Wasserlinie darstellt. Im Wellenberg, in der Gegend des Mastes, steigt diese Linie stark an, um dann im Wellental sich stark zu senken. Daß dieses Wellental auch an der Luvseite des Bootes sich bildet, zeigt deutlich die Abb. 49.

Eine Folge dieser veränderten Trimmlage, die an sich günstig ist, da das Vorschiff besser über das Wasser gleitet, als daß es dasselbe durchschneidet, ist nun andererseits das tiefere Eintauchen des Hecks in die Heckwelle, selbst in dem Falle, wo diese

Abb. 49. Bildung des Wellentales auch auf der Luvseite.

Heckwelle an sich nur klein ist, so daß meist immer der Spiegel zu Wasser kommt. Abb. 22.

Um die Wirkung der Heckwelle auf die Geschwindigkeit des Bootes einigermaßen feststellen zu können, müssen wir uns über die Entstehung der Welle klar werden. Wie schon gesagt, hat das voraufgegangene Wellental unbedingt wieder die Bildung eines Wellenberges zur Folge, der manchmal nur gering zu sein braucht, aber doch immer vorhanden ist, so daß selbst bei günstigster Formgebung des Bootes die Heckwelle nicht ganz zu vermeiden ist. Nur bei langen Fahrzeugen bildet dieses Wellental eine oder mehrere Zwischenwellen zwischen Heck- und Bugwelle, so daß in diesem Falle die Bugwelle als Ursache des eben besprochenen Wellentals von sehr geringer Bedeutung für die Bildung der Heckwelle ist. In diesem Falle scheidet also die Form des Vorschiffes

88

in bezug auf die Gestaltung der Heckwelle aus. In den uns interessierenden Fällen aber ist die Heckwelle zunächst schon ausschließlich aus der Form des Vorschiffes heraus um so höher, je höher die Bugwelle ist. Außerdem hat die Lage der Bugwelle, ob schräg oder fast quer zur Fahrtrichtung, auf die Lage der Heckwelle am Hinterschiff großen Einfluß, da diese Heckwelle parallel zur Bugwelle läuft. Diese Tatsache an sich beweist schon den Einfluß des Vorschiffes auf die Heckwelle. Abb. 50 zeigt deutlich den parallelen Verlauf der Bug- und Heckwelle. Eine ganz ähnliche Heckwelle zeigt Abb. 51. Dieses Bild zeigt zugleich, wie sich die Deckslinie des Hinterschiffes dem Verlauf des Wellentals anpaßt, wenn das Schiff hinten etwas zusammengezogen ist. Abbildung 52 zeigt eine ganz andere Heckwelle. Während bei den ersteren Aufnahmen die Heckwelle im Begriff war, sich erst hinter dem Boot zu bilden, ruht hier das ganze Hinterschiff auf der Heckwelle, da die Bugwelle sich so weit vorn bildet, daß die Wellenlänge von 4-4,50 m nicht ausreicht, die Heckwelle weiter hinten entstehen zu lassen. Dagegen

Abb. 50. Störung der Heckwelle durch eintauchenden Spiegel.

ist in Abb. 22 und Abb. 53 von einer Heckwelle nicht viel zu sehen.

Wer einmal bei achterlicher See platt vor Wind gesegelt hat, wird festgestellt haben, daß das Boot zeitweilig mit großer Fahrt vorwärts schießt, zeitweilig förmlich festgehalten wird. Diese letztere Fahrtverzögerung tritt immer dann ein, wenn eine Welle das Hinterschiff erreicht hat. Erst wenn dieselbe über die Mitte des Schiffes hinaus, also zum größten Teil unter das Vorschiff gekommen ist, nimmt die Geschwindigkeit des Bootes wieder zu. Es setzt dann vielfach regelrecht zum Gleiten an und läuft mit der Welle unter dem Vorschiff davon, Abb. 54. In dieser Lage ist das Hinterschiff ganz frei von einer Heckwelle, und das Wasser läuft glatt nach hinten ab.

Abb. 51. Gleichartiger Verlauf von Deckslinie und Wellental.

Abb. 52. Ungünstige Lage der Heckwelle.

Abb. 53. Günstige Lage der Heckwelle.

Abb. 54. Gleiten bei achterlichem Wind.

Aus diesen Beispielen geht hervor, daß die Lage der Heck-welle am Hinterschiff ganz verschieden sein kann und daß es sehr darauf ankommt, wie sie zum Hinterschiff liegt.

Welche weiteren Faktoren haben nun noch Einfluß auf die Entstehung der Heckwelle?

Daß der Formwiderstand des Vorschiffes schon von Bedeutung für die Heckwelle ist, haben wir gesehen. Wie ist es nun mit dem Formwiderstand des Hinterschiffes?

Es erscheint vielleicht absurd, daß das Hinterschiff eines Bootes noch einen Formwiderstand haben kann, wo doch das Wasser, nachdem es an dem Hauptspant vorbei ist, nicht mehr gegen den Körper stoßen, sondern nur noch hinter dem größten Querschnitt zusammenfließen kann. Wir wissen aber, daß das Wasser zum Zusammenfließen auch eine gewisse Zeit haben muß. Denken wir uns das Boot an der Stelle seines größten Querschnittes abgeschnitten und mit einem Schott abgeschlossen, so würde bei der Vorwärtsbewegung des Bootes das Wasser hinter dem Schott nur sehr schwer zusammenfließen können. Die Folge ist, daß das Wasser, das bekanntlich immer das Bestreben hat, entstandene Lufträume bis zum ursprünglichen Wasserspiegel wieder aufzu-füllen, das Boot so festhält, daß gar keine erheblichen Lufträume an den Stellen, die eigentlich mit Wasser ausgefüllt sein müßten, erst entstehen. Deshalb ist auch ein Boot, welches mit seinem Spiegel sehr tief im Wasser liegt, durch die entstehenden Wasser-wirbel in seiner Fortbewegung gehemmt. Der Formwiderstand des Hinterschiffes ist also im allgemeinen um so geringer, je schlanker die Linien des Hinterschiffes verlaufen, da das Wasser dann genügend Zeit zum Zusammenfließen hat. Bei gut kon-struierten Booten ist der Formwiderstand des Hinterschiffes gegenüber dem des Vorschiffes nur sehr gering. Trotzdem sind, wie wir noch sehen werden, die verschiedenen Formen des Hinter-schiffes, auch wenn sie verhältnismäßig schlank verlaufen, von gewisser Bedeutung für den Gesamtwiderstand des Bootes.

Der Reibungswiderstand.

Denn der Gesamtwiderstand eines Bootes wird nicht nur aus dem Widerstand gebildet, den die Form des Bootes dem Wasser bietet, sondern noch aus anderen Widerständen, welche durch die Vorwärtsbewegung des Bootes entstehen. Dies ist zunächst der Reibungswiderstand, welcher durch die Reibung des Wassers am Bootskörper entsteht und von ebenso großer Bedeutung wie der Formwiderstand ist. Im allgemeinen wächst der Formwider-stand bei zunehmender Geschwindigkeit stärker an als der Reibungswiderstand, so daß bei hohen Geschwindigkeiten der Formwiderstand besonders berücksichtigt werden muß. Deshalb erhalten Torpedoboote, Schnelldampfer usw. ein besonders scharfes Vor- und Hinterschiff mit möglichst geringem Formwiderstand. Bei geringen Geschwindigkeiten überwiegt der Reibungswiderstand, weshalb Frachtdampfer, Ladekähne (Zillen) so völlige Formen bekommen, wie es Seegang usw. nur eben zulassen. Bei den für uns in Frage kommenden Geschwindigkeiten ist beiden Widerständen die gleiche Aufmerksamkeit zu schenken.

Dieser Reibungswiderstand hängt zunächst ab von der Größe der sogenannten benetzten Oberfläche, das ist die gesamte Fläche der Außenhaut, welche vom Wasser berührt wird.

Es gibt nun verschiedene Formen, welche bei gleicher Wasserverdrängung eine ganz verschiedene Größe der benetzten Oberfläche besitzen. Bei diesem Vergleich muß man natürlich von der gleichen Verdrängung ausgehen, da Boote von gleicher Größe, welche in diesen verschiedenen Formen gebaut werden, trotzdem ungefähr dasselbe Gewicht haben, und von diesen Booten wird im allgemeinen das am schnellsten sein, welches die geringste benetzte Oberfläche hat.

Es kann ohne weiteres rechnerisch festgestellt werden, daß ein zylindrischer Körper mit kreisförmigem Querschnitt das günstigste Verhältnis von Oberfläche zum Rauminhalt zeigt. Dementsprechend würde auch ein Boot mit angenähert kreisförmigem Spantquerschnitt die günstigste benetzte Oberfläche haben. Der Bau eines derartigen Bootes ist aber deswegen nicht angebracht, weil die Formstabilität eines solchen Bootes nicht ausreicht. Ein Boot mit dreieckigem Querschnitt hat ein etwas ungünstigeres Verhältnis von Oberfläche zum Deplacement, aber doch immer günstiger als der rechteckige Querschnitt, unser bekanntes U-Spant (Abb. 44). In bezug auf den Reibungswiderstand ist also das reine U-spantige Boot in aufrechter Lage ungünstiger als das V-förmige Boot resp. als das Boot mit angenähert kreisförmigem oder elliptischem Spantquerschnitt. Bei geneigter Lage nähert sich das U-spantige Boot dem kreisförmigen Querschnitt, da nun die abgerundete Kimm zu Wasser kommt, der Grund, weshalb U-spantige Boote auf der Kimm gesegelt erhebliche Geschwindigkeiten entwickeln. Auch der Prahm mit nicht abgerundeter Kimm, wie auch die Kastenscharpie, verdrängen, wie man sagt, in geneigter Lage günstiger, da jetzt der eingetauchte Querschnitt nicht mehr rechteckig sondern dreieckig ist. Sie haben also jetzt bei gleichem Deplacement eine geringere benetzte Oberfläche und sind deshalb vorzugsweise in geneigter Lage zu segeln.

Der Reibungswiderstand hängt also auch wieder von der Form des Schiffes ab, insofern als Boote mit ungünstigen Formen in bezug auf die Größe der benetzten Oberfläche größeren Reibungswiderstand haben als Boote mit günstigeren Formen. Hier kommt aber noch etwas anderes hinzu, und das ist die Tatsache, daß der Reibungswiderstand am Bootskörper nicht gleichmäßig angreift, sondern nach zwei Gesichtspunkten hin verschieden, deren Kenntnis für die Formgebung wichtig ist. Das ist zunächst die Tatsache, daß das Wasser durch die Reibung am Vorschiff, soweit es nicht schon im Bereich der Bugwelle zurückgestoßen wird, allmählich selbst in der Fahrtrichtung mitbewegt wird, so daß nach und nach die in unmittelbarer Nähe der Außenhaut befindliche Wassermenge mit dem Schiff mitläuft. Auch bei geringen Geschwindigkeiten, wo also keine eigentliche Bugwelle entsteht, läuft das Wasser allmählich in Richtung des Bootes mit. Nach hinten zu wird also die Geschwindigkeit des Wassers in der Fahrtrichtung größer. Die relative Geschwindigkeit des Wassers gegenüber dem Boot wird also nach dem Achterschiff zu geringer. Und da wir gesehen haben, daß der Reibungswiderstand mit der Geschwindigkeit wächst, so ist derselbe also am Achterschiff pro qcm der Außenhaut kleiner als am Vorschiff. Dieses Mitströmen des Wassers, das nicht nur seitlich sondern auch unter dem Boote stattfindet und unmittelbar am Boot natürlich größer ist als in den benachbarten Schichten, nennt man den Vorstrom des Bootes. Man sieht diesen Vorstrom deutlich als Kielwasser hinter dem Boot herfließen.

Sind also die Wellen die sichtbaren Zeichen des Formwider·standes, so ist der Vorstrom das Zeichen des vorhandenen Reibungswiderstandes. Je höher und länger die Wellen, je größer der Vorstrom, um so größer sind die betreffenden Widerstände. Daß der Reibungswiderstand um so größer ist, je größer der Vorstrom ist, geht auch aus der Überlegung hervor, daß ja diese ganze Wassermenge in Bewegung gesetzt werden muß. Und je größer die in Bewegung gesetzte Wassermenge ist, um so größer muß die Reibungsarbeit gewesen sein, die dies bewirkt hat.

Es muß also das Bestreben sein, diesen Vorstrom so klein wie möglich zu machen, indem man versucht, mit der geringst möglichen benetzten Oberfläche, besonders auch im Vorschiff, das hauptsächlich den Vorstrom erzeugt, auszukommen. Bei diesem Bestreben ist nun zweitens zu berücksichtigen, daß der Reibungswiderstand nicht nur abhängt von der Größe der benetzten Oberfläche und der relativen Geschwindigkeit des Bootes gegenüber dem Wasser, sondern auch von dem sogenannten hydrostatischen Druck des Wassers gegen die Außenhaut. Abgesehen von der

Dichte und der Temperatur des Wassers, die ja auch noch einen geringen Einfluß auf das Gewicht des Wassers ausüben, haben wir schon bei Besprechung des Auftriebes gesehen, daß der Druck des Wassers in einer bestimmten Tiefe gegen irgendeine Fläche pro qcm so groß ist, wie das Gewicht einer bis zum Wasserspiegel reichenden Wassersäule von 1 qcm Querschnitt und einem Gewicht von 1 g pro cm Höhe. So ist z. B. der hydrostatische Druck gegen die Kielplanke einer Segeljolle in etwa 15 cm Abstand von der Wasseroberfläche 15 g pro qcm oder 1,5 kg pro qdcm. Infolge dieses Druckes dringt, wie wir beim Zuwasserbringen der Boote deutlich beobachten können, bei einer kleinen lecken Stelle an der Kielplanke das Wasser mit viel größerer Kraft in das Boot, als zum Beispiel bei einem gleich großen Leck in der Außenhaut in 3 cm Abstand vom Wasserspiegel. Wenn man bedenkt, daß der Druck am Kiel 5 mal so groß ist als an dieser Stelle, so ist das verschieden starke Einströmen in das Boot ohne weiteres erklärlich. Infolge dieses mit dem Abstand von der Wasseroberfläche zunehmenden Druckes ist natürlich auch die Reibung gegen die tiefer liegenden Teile der Außenhaut eine stärkere, wie ja auch bei jeder Bremse durch Vergrößerung des Druckes gegen die Bremsbacken die Reibung und damit die Bremswirkung erhöht wird. Je größer also der Tiefgang eines Schiffes ist, um so größer ist die durch den hydrostatischen Druck verursachte Reibung und um so kräftiger wird das Wasser an diesen Stellen in Vorstrom verwandelt. Der Satz: „Länge läuft und flach gleitet" erhält auf Grund der vorstehenden Ausführungen nun für uns besondere Bedeutung. Wenn auch bei unsern flachgehenden Jollen der hydrostatische Druck absolut gerechnet nicht sehr groß ist, so kommt es doch auf das Verhältnis der Drücke zueinander an; denn eine Jolle von 20 cm Tiefgang hat in der Gegend des Kiels den doppelten hydrostatischen Druck als eine Segeljolle von 10 cm Tiefgang, was besonders bei geringen Winddrücken als vorwärtstreibende Kraft schon ins Gewicht fällt.

Ein ganz wichtiges Moment des Reibungswiderstandes ist dann noch die Beschaffenheit der Außenhaut, ob glatt oder rauh. Durch eine rauhe Oberfläche kann der Reibungswiderstand ganz ungeheuer anwachsen, weshalb es unbedingt erforderlich ist, das Boot in bestem Farb- und Lackzustand zu halten. Aber ich darf wohl annehmen, daß die Leser dieses Buches in dieser Beziehung keine Mühe und Arbeit scheuen werden. Sie macht sich doppelt und dreifach bezahlt. Ein Boot, das gut in Farbe und Lack ist, macht immer einen netten Eindruck und bleibt noch lange Jahre vor Fäulnis und Undichtigkeit geschützt. Darüber im nächsten Band.

Der wirbelbildende Widerstand.

Daß außer dem Reibungswiderstand noch wirbelbildende Widerstände vorhanden sind, sei hiermit noch erwähnt. Es handelt sich um die Widerstände, welche durch die scharfen Eintrittskanten von Schwert und Ruder, den sogenannten Anhängseln des Bootes, hervorgerufen werden. Denn diese Platten werden schräg durch das Wasser gezogen, so daß hinter der Eintrittskante ein Wirbel in der ganzen Länge der Kante auftritt. Dieser Wirbelwiderstand ist gar nicht so unerheblich und kann dadurch beseitigt werden, daß man Ruder und Schwert an der Eintrittskante nicht zuschärft, sondern stumpf abrundet, am besten verdickt. Am besten ist hier die Tropfenform von Schwert und Ruder, da es sich hier um dieselben Erscheinungen handelt wie im Flugzeugbau. Die Herstellung derartiger Anhängsel ist aber nicht so ganz einfach. Wir werden darauf später zurückkommen.

5. Das Hinterschiff.

Von diesen Gesichtspunkten aus wollen wir einmal zunächst das Hinterschiff unserer Segeljollen betrachten. Handelt es sich bei dem Vorschiff hauptsächlich darum, das Wasser unter möglichst geringer Wellen- und Vorstrombildung zu zerteilen, so ist bei dem Hinterschiff das Zusammenfließen des Wassers von der Seite und von unten her von ähnlichen Gesichtspunkten aus zu bewirken. Der von dem Vorschiff gebildete Vorstrom, welcher in der Gegend des Hauptspantes seinen größten Wert erhalten haben mag, darf möglichst durch das Hinterschiff nicht mehr vergrößert werden. Diese Forderung ist im allgemeinen schwer zu erfüllen, da der Vorstrom ja mit der Länge des Bootes auch größer wird. Bei der Lösung dieses Problems leistet uns aber die Berücksichtigung der Wirkung des hydrostatischen Druckes ausgezeichnete Dienste.

Nehmen wir zunächst einmal an, daß bei der Fortbewegung der Segeljolle sich der Wasserspiegel nicht wellenförmig verändert sondern glatt bleibt, dann nimmt bei entsprechend schlankem Verlauf des Hinterschiffes, das mit dem Spiegel aus dem Wasser austaucht, der hydrostatische Druck gegen die Außenhaut nach hinten bis auf den Wert Null ab, so daß im letzten Punkt der wasserbenetzten Oberfläche auch die Reibung gleich Null geworden sein muß.

Unter der Wirkung dieses stark abnehmenden Druckes und der von der Seite und von unten zusammenfließenden Wassermengen nimmt auch der Vorstrom allmählich wieder eine geringere Geschwindigkeit an und bewirkt, daß das Wasser sich hinten leicht vom Boot ablöst, anstatt als starker Vorstrom sozusagen am Boot festzukleben und es festzuhalten. Das Boot wird dann, wie man sagt, das Wasser nicht los.

Bedingung für ein glattes Ablaufen des Wassers ist also, daß der Vorstrom vom Hauptspant zum Spiegel hin wieder allmählich abnimmt, die relative Geschwindigkeit gegenüber dem Boot zunimmt, so daß von hinten her eine Saugwirkung auf die am Bootskörper als Vorstrom haftenden Wassermengen ausgeübt wird.

Wie ist es nun aber in Wirklichkeit?

Eine ungestörte Wasserfläche zu erhalten wäre nur möglich, wenn das Wasser eine reibungslose, also ideale Flüssigkeit wäre. Aber dann brauchten wir uns überhaupt nicht mehr mit Form- und Reibungswiderstand zu beschäftigen, denn dann wären überhaupt keine Widerstände möglich. So aber verändert sich die Wasseroberfläche infolge des Formwiderstandes in der Weise,

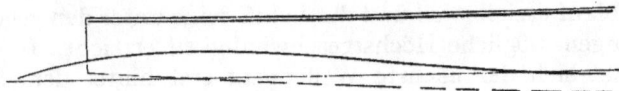

Abb. 55. Zunahme des hydrostatischen Druckes am Spiegel durch ungünstige Heckwelle.

daß in der Gegend des Hauptspantes ein Wellental und dahinter sich die Heckwelle bildet. Infolge des Wellentals geht an dieser Stelle tragendes Deplacement verloren, das durch ein entsprechendes Tiefertauchen des Bootes in der Heckwelle ersetzt werden muß. Dieses Tiefertauchen wird noch durch das Anheben des Vorschiffes durch die Bugwelle vergrößert. Ist die Heckwelle sehr hoch, und liegt sie sehr ungünstig, etwa in der Gegend des Spiegels, so tritt der Fall ein, daß der hydrostatische Druck, welcher zunächst an der Stelle des Wellentals abnimmt, nach hinten zu trotz des Kielauflaufes wieder zunimmt (Abb. 55), und daß dementsprechend auch der Vorstrom an dieser Stelle seine größte Geschwindigkeit bekommt. Jetzt sind vom Hauptspant her gerechnet alle am Boot haftenden Wassermengen, die infolge des zunächst geringen hydrostatischen Drucks und der Saugwirkung des Wellentals abfließen möchten, hierzu nicht in der Lage, da die in der Gegend des Spiegels haftenden Wassermengen sie daran hindern. Wenn ich hier sage, daß die Wassermengen fest am Boot haften, so ist damit nur die Kraft gemeint, mit welcher die Wassermengen festgehalten werden. Man muß sich den Vorstrom so vorstellen, daß er wohl in der Richtung des

Bootes mitfließt, aber immer noch eine gewisse relative Geschwindigkeit zum Boot behält. Liegt die Heckwelle vor dem Spiegel, so werden die Verhältnisse zunächst nur wenig günstiger. Erst wenn sie so weit vorn liegt, daß auch der Rücken der Heckwelle vor dem Spiegel zu liegen kommt und demgemäß auch wieder ein geringerer hydrostatischer Druck entsteht, werden die Verhältnisse wieder etwas günstiger. Der Druckabfall beschränkt sich dann aber auf eine so kurze Strecke des Hinterschiffes, daß die eintretende Saugwirkung den starken voraufgehenden Vorstrom in der Gegend des Wellenberges der Heckwelle nicht erheblich beeinflußt. Bewegt sich die Welle weiter nach vorn, etwa als achterlich auflaufende See, welche dieselbe Wirkung wie die Heckwelle hat, so treten die günstigsten Verhältnisse dann ein, wenn die Welle ungefähr die Mitte des Schiffes erreicht hat und der Spiegel im Wellental liegt (Abb. 54). Dann tritt der Fall ein, daß durch die Saugwirkung des Wellentales und des nach hinten zu immer geringer werdenden hydrostatischen Drucks der denkbar günstigste Wasserablauf erzielt wird und das Schiff seine unter den gegebenen Bedingungen mögliche Höchstgeschwindigkeit erreicht. In diesem Fall bildet sich der nächste Wellenberg erst hinter dem Spiegel des Schiffes.

Es ist also die Aufgabe des Konstrukteurs, sein Boot so zu entwerfen, daß die Bildung der Heckwelle erst hinter dem Spiegel erfolgt und der Verlauf derselben so ist, daß ein Abfall des hydrostatischen Druckes nach hinten zu eintritt. Diese letzte Forderung besteht vor allen Dingen auch dann, wenn infolge übergroßer Länge des Bootes die Heckwelle vorher entsteht.

Das ist nun leichter gesagt als getan.

An Hand einiger weiterer Abbildungen und Überlegungen soll aber versucht werden, den Laien und Segelsportler über die Geeignetheit verschiedener Bootsformen in bezug auf diese Forderungen näher zu unterrichten und zum Nachdenken anzuregen.

Um die Bildung der Heckwelle möglichst weit achtern zu erzielen, ist erforderlich, daß auch die Bildung der Bugwelle möglichst weit nach der Mitte zu erfolgt, so daß das ganze Hinterschiff im Wellental zu liegen kommt. Da diese Bugwelle sich immer der Form des Vorschiffes entsprechend bilden wird, worauf wir noch zu sprechen kommen, ist erforderlich, daß der eigentliche wellenbildende Teil des Vorschiffes möglichst dicht vor das Hauptspant und letzteres unter Berücksichtigung sonstiger Umstände so weit wie möglich nach achtern gelegt wird. Dadurch ist zunächst die Stabilität des Bootes ungünstig beeinflußt. Das Vorschiff hat bei der Erfüllung dieser Forderung nur geringe Stabilität (siehe später) und die des Achterschiffes wird ebenfalls durch das Wellental sowohl in aufrechter als in geneigter Lage stark verringert. Es muß also versucht werden, dem Hinterschiff diejenige Spantform zu geben, welche die größte Stabilität gewährleistet. Da die Deckslinie sich bei geneigter Lage möglichst dem Wellental anpassen soll, um keine störenden Nebenwellen zu erzeugen, worauf wir auch noch zu sprechen kommen werden, so ist der günstigste Verlauf dieser Deckslinie bei gegebener Breite und Länge des Bootes im allgemeinen gegeben. Nach hinten zu wird sie also zusammenzuziehen sein, wodurch die Stabilität weiter verringert wird. Die Spantform mit größter Anfangs- und Endstabilität bei gegebener Decksbreite ist aber, wie wir gesehen haben, das U-Spant. Betrachten wir Abb. 21 noch einmal, so sehen wir, daß diese Bootsform mit U-förmigem Hinterschiff den oben gestellten Forderungen nachkommt, da das flache, breite U-Spant auch das Spant mit dem geringsten hydrostatischen Druck ist. Seine für den Reibungswiderstand ungünstige große benetzte Oberfläche spielt hier am äußersten Achterschiff keine große Rolle mehr, da durch den unvermeidlichen, hauptsächlich durch das Vorschiff gebildeten Vorstrom der Reibungswiderstand am Achterschiff verringert wird, und auch ja nur eine gemäßigte Form des U-Spantes erzielt werden kann, weil das Mittelspant noch V-förmigen Charakter hat und der Übergang zur ausgesprochenen U-Form sich nur allmählich vollziehen kann. Da auch der Kielstrak eines möglichst flachen Achterschiffes einen in Abb. 21 angegebenen Verlauf haben muß, dessen tiefster Punkt also möglichst weit nach vorn geschoben ist, so ist auch deshalb die Wahl eines U-Spantes notwendig, da sonst das erforderliche Deplacement bei der geringen Breite und Tiefe nicht unterzubringen ist. Denn bei der mehrfach erwähnten Veränderung der Trimmlage ist das eigentliche tragende Deplacement bei entsprechenden Geschwindigkeiten dasjenige des Hinterschiffes. Der Ausdruck tragendes Deplacement bedeutet dabei, daß mit der geringsten Tiefertauchung des Bootskörpers sofort eine starke Zunahme des Deplacements verbunden ist. Jetzt erkennen wir auch die Ursache, weshalb der flache Prahm nicht nur in geneigter Lage am Winde, sondern auch vor Wind bei entsprechender Trimmlage und günstiger Lage der Heckwelle eine überraschend große Geschwindigkeit entwickeln kann. Ein weiterer günstiger Umstand für das U-Spant ist die Tatsache, daß das Zusammenfließen des Wassers nicht von der Seite, sondern von unten nach oben erfolgt. Denn bedenkt man, daß das als Vorstrom in der Richtung des Schiffes mitfließende Wasser seitlich zusammenfließen soll, so bedeutet dieses seitliche Zusammenfließen des Wassers eine starke Richtungsänderung von bereits in bestimmter

Richtung fließenden Wassermengen, was nicht ohne entsprechenden Kraftaufwand möglich ist. Dagegen würde bei der Bewegung des Wassers am Bootskörper von unten nach oben die Bewegungsrichtung nicht geändert und dem Abfließen des Wassers aus dem Grunde der geringste Widerstand geboten, weil das Wasser sich ja von dem Punkt hohen hydrostatischen Drucks zu dem Punkt niedrigen Drucks bewegt, was für das Wasser den Weg des geringsten Widerstandes bedeutet, da wir ja gesehen haben, daß bei niedrigem hydrostatischem Druck das Wasser sich leicht vom Bootskörper ablöst und deshalb von hinten her eine Saugwirkung auf die Wassermengen ausübt, die noch unter höherem Druck

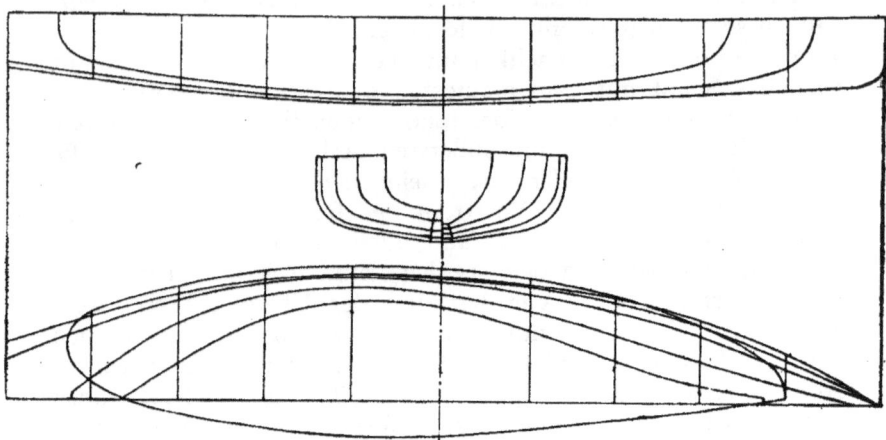

Abb. 56. Linienriß zu Abb. 53.

gegen das Boot gedrückt und festgehalten werden. Das Wasser wird also diesen Weg gehen, wenn wie beim U-Spant eine starke Druckverringerung nach hinten zu vorhanden ist und das seitliche Zusammenfließen des Wassers nicht durch schlanke Wasserlinien unterstützt, sondern durch kräftig abgerundete Wasserlinien verhindert wird. Es ist also für das richtige Abfließen des Wassers ein schlanker Verlauf der Schnitte im Hinterschiff wichtiger als der schlanke Verlauf der Wasserlinie. Die hohen Geschwindigkeiten von Rennmotorbooten könnten bei seitlichem Zusammenfließen des Wassers nicht erreicht werden, sondern nur dadurch, daß das Hinterschiff ganz flach und prahmartig auf dem Wasser aufliegt und das Wasser nur in Richtung des Bootes unter demselben entlang fließt.

Da Segelboote nicht nur in aufrechter Lage segeln, sondern auch in geneigter, so muß auch in dieser geneigten Lage ein ähnliches Abfließen des Wassers angestrebt werden; man rundet infolgedessen das U-Spant ab und läßt es vielfach schwach V-förmig in den Kiel einlaufen.

Der Linienriß nach Abb. 56 aus dem Jahre 1920, welcher der zugehörige Riß zu dem Lichtbild nach Abb. 53 ist, läßt diese Bestrebungen deutlich erkennen, doch zeigt dieser Riß das Hauptspant noch an der breitesten und tiefsten Stelle. Man sieht aber hier das Hauptspant ziemlich weit nach hinten gerückt mit schlank anlaufendem Vorschiff, das Deck nach hinten stark zusammengezogen und diesem Verlauf angepaßt die Konstruktionswasserlinie. Die Schnitte des Hinterschiffes verlaufen sehr schlank, die eingezeichnete Konstruktionswasserlinie in geneigter Lage ist

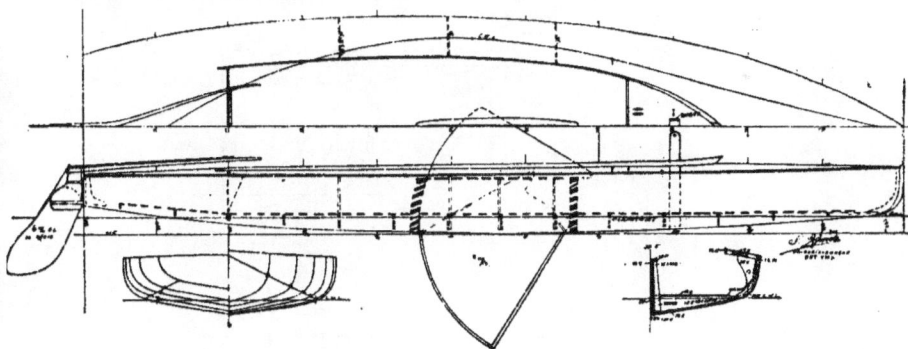

Abb. 57. Linienriß zu Abb. 50.

breit und kräftig abgerundet. Das Hinterschiff muß also, obwohl es vielleicht aus dem Wasserlinienriß heraus einen plumpen Eindruck macht, einen günstigen Wasserablauf haben, was durch Abb. 53 bestätigt wird. Es handelt sich um die Ingo 5, die Gewinnerin des Seglerhauspreises im Jahre 1920.

Betrachten wir das Lichtbild nach Abb. 50, so sehen wir deutlich eine Störung der Heckwelle, die sich vom äußersten Punkt des Spiegels aus gabelförmig ausbreitet. Der zugehörige Riß nach Abb. 57 gibt die Erklärung. Es handelt sich um ein ausgesprochen V-förmiges Boot, dessen Konstruktionswasserlinie sehr schlank in den Kiel einläuft, während dagegen das Deck bis zum Spiegel eine große Breite behält. Infolge des verhältnismäßig völligen Vorschiffes besonders in geneigter Lage, wie aus dem Spantenriß zu entnehmen ist, bildet sich die Bugwelle verhältnismäßig weit vorn und die Heckwelle infolge des schlanken Verlaufs des hinteren Teils des Unterwasserschiffes und des weit nach vorn gerückten Hauptspantes etwa in der Gegend des Spiegels. Sobald das Boot

101

Lage annimmt, muß also infolge der großen Breite des Decks am Spiegel der äußerste Teil des Spiegels sehr bald in den Wellenberg eintauchen und die auf dem Lichtbild deutlich erkennbare Störung verursachen. Der Wert dieses Risses liegt auf anderem Gebiet. Es ist ein extremes Schwerwetterboot mit flachem weit ausladendem V-Spant, das verhältnismäßig lange aufrecht gesegelt werden kann.

Wäre das Boot, um ein weiteres Beispiel anzuführen, bei stark V-förmigem Spant sowohl im Kielstrak als auch in der Deckslinie im Achterschiff stark zusammengezogen, so würde es vor Wind unbrauchbar sein (Abb. 58). Denn dieses Boot würde so

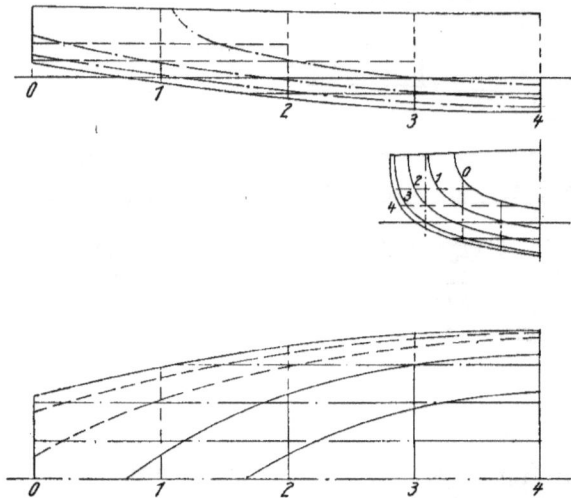

Abb. 58. Zu stark zusammengezogenes Hinterschiff ist für achterlichen Wind ungünstig.

geringes tragendes Deplacement im Achterschiff haben, daß es tief in die Heckwelle einsackt und infolge des starken hydrostatischen Druckes gegen die tiefer liegenden Außenhautteile das Wasser nicht loswerden kann. Ein solches Boot macht vor Wind einen eigenartig lahmen und schwerfälligen Eindruck.

Alle diese Konstruktionsprinzipien sind natürlich vielfach nicht in Reinkultur anzuwenden, da das Boot in bezug auf Stabilität, Zuladefähigkeit, Baukosten usw. außerdem noch Anforderungen genügen soll, die sich mit dem reinen Geschwindigkeitsprinzip nicht immer vertragen. Diese Prinzipien lassen sich bei Rennjollen am klarsten gestalten, da die Geschwindigkeit hier im allgemeinen allen anderen Forderungen vorangeht. Bei Wander-

102

jollen und ähnlichen Booten mit vorgeschriebenen Wasserlinien-
und Decksbreiten und beschränkter Bootslänge, mit hohem Freibord und hohem Gewicht, deren beste Segeleigenschaften sich
bei schwerem Wetter zeigen sollen, die aber auch bei Flaute nicht
langsam sein dürfen und sich leicht rudern lassen sollen, lassen
sich im allgemeinen diese Konstruktionsprinzipien nur in gemilderter Form durchführen. Wie ja überhaupt der ganze Schiffbau ein Kompromiß zwischen den widerstrebendsten Bedingungen
in der Weise zu schaffen hat, daß schließlich die Lösung mit den
geringsten Übeln gefunden wird. Wer aber in bezug auf Jollenbau
etwas Vernünftiges schaffen will, muß sich schon über die hier
geschilderten Verhältnisse ein möglichst klares Bild machen
können. Und den Leser sollen diese Ausführungen hauptsächlich
zur Beobachtung verschiedener Bootsformen und ihres Verhaltens
im Wasser anregen.

6. Das Vorschiff.

Wir kommen nun zum Vorschiff, das wir uns noch etwas
näher ansehen müssen; denn mit der so sehr beliebten modernen
schlanken Linie ist es allein nicht getan. Hier sind es auch hauptsächlich noch die Amwindeigenschaften des Bootes, welche Be-
achtung verdienen.

Das Beispiel eines schlanken Wasserzulaufes sehen wir am
ausgeprägtesten an Abb. 21. Wie schon gesagt, ist das Haupt-
augenmerk darauf zu richten, daß diese Zuschärfung einen
möglichst geringen Form- und Reibungswiderstand hat. Hier
kommt hinzu, daß für die Form des Bootes auch der Seegang
eine Rolle spielt, der auf dem Heimatrevier des Bootes angetroffen
wird. Würden die Boote nur in ruhigem Wasser segeln, so würde
die Vorschiffsform des Bootes am besten so gestaltet werden,
daß es möglichst flach über das Wasser hinweggleitet. Der Stoß
der Bootsform gegen das Wasser würde in diesem Falle schräg
nach unten gerichtet sein, demzufolge würde das Boot selbst
einen Gegendruck nach oben erleiden, so daß es über das Wasser
gleitet. Das würde sowohl für die Wellenbildung als auch für
den Reibungswiderstand günstig sein. In ruhigem Wasser ist daher
ein prahmartiges Vorschiff von dem Gesichtspunkte des Formwiderstandes aus nicht unangebracht. Das ändert sich aber bei
Seegang. Um den Anprall der Wellen gegen das Vorschiff möglichst
unschädlich zu machen, muß jetzt der erste Teil des Vorschiffes
dazu dienen, die Wellen zu durchschneiden und abzulenken.
Er muß also so scharf wie möglich ausgezogen sein. Bei ruhigem
Wasser bleibt dieser erste Teil des Vorschiffes möglichst ober-

halb der Wasserlinie, da im anderen Falle seine benetzte Oberfläche viel zu groß ist im Verhältnis zu seinem Deplacement, und
nur einen unnötigen Reibungswiderstand geben würde (siehe die
alten gradstevigen Kutter). Der zweite Teil des Vorschiffes, welcher
den eigentlichen Formwiderstand bildet, leitet dann von dem

Abb. 59. Anheben des Vorschiffes durch die „Backe". Vgl. hierzu Abb. 48 und 14.

scharfen Bug über zu dem Punkt des größten Schiffsquerschnittes,
weswegen heute auch das Unterwasservorschiff fast durchweg hohl
anlaufende Wasserlinien hat. Vom Gesichtspunkte des Formwiderstandes aus ist dieser Teil so auszubilden, daß bei dem Stoß gegen
das Wasser möglichst nach oben gerichtete Komponenten entstehen, daß das Boot sich also in jeder Schräglage möglichst über

das Wasser hinwegschiebt. Ein Boot mit fast gleichmäßig schräger Seitenwand, wie die alten gradstevigen Kutter, würde dies nicht tun, sondern z. B. in aufrechter Lage das Wasser lediglich nach der Seite wegschieben. Aus obiger Forderung heraus werden daher die Spanten dieses Teiles des Vorschiffes bis über die Wasserlinie V-förmig gestaltet, um dann mit einer Rundung zum Deck hinaufgeführt zu werden (Abb. 14). Erhält das Boot jetzt eine geneigte Lage, so schiebt es sich immer auf die Bugwelle hinauf (Abb. 59).

Hier hat im Jahre 1926 insofern noch eine neuere Entwicklung eingesetzt, als sowohl die benetzte Oberfläche dieses Teiles des Vorschiffes in aufrechter wie in geneigter Lage verringert als auch die Amwindeigenschaften noch verbessert worden sind. Zunächst ist der V-förmige Teil besonders der vorderen Spanten bis zur Konstruktionswasserlinie jetzt kreisförmig gestaltet, wodurch erstens noch die ungünstige benetzte Oberfläche an dieser Stelle verbessert und zweitens das Wasser weniger nach der Seite geworfen wird, das Boot selbst also mehr über das Wasser gleitet. Die Hauptrundung der Spanten liegt nun nicht über der Wasserlinie, wie z. B. in Abb. 56, sondern sie erstreckt sich jetzt durchweg in der Wasserlinie (Abb. 60), so daß der Wasseranlauf auch in geneigter Lage immer auf kreisförmige Spanten trifft. Dies hat auch eine Verbesserung der Amwindeigenschaften zur Folge, da dieses Boot jetzt höher an den Wind geht als vorher. Betrachten wir nämlich Abb. 48 mit der über der Wasserlinie verlaufenden Abrundung, so sehen wir, daß das Boot, wenn

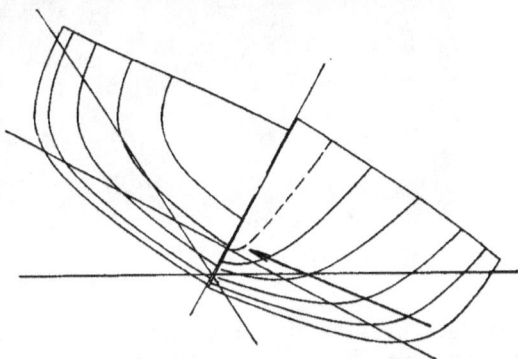

Abb. 60. Einfluß der modernen Backe auf die Amwindeigenschaft. Vgl. hierzu Abb. 48.

es mit dieser durch die Abrundung gebildeten Backe gegen das Wasser stößt, nur einen Impuls nach oben bekommt, da sich die Backe über das Wasser schiebt. In Abb. 60 aber verläuft die Backe schräg zur Fahrtrichtung und erhält einen schräg nach oben gegen die Mitte des Bootes gerichteten Impuls, welcher bewirkt, daß das Boot nach Luv drängt und damit den Leeweg, d. h. die Abtrifft, die jedes Boot durch den Wind erleidet, stark verringert. Will man dies Prinzip in eleganter Form durchführen, bedarf es wieder eines verhältnismäßig langen Vorschiffes. Das

Boot schiebt sich dann mit der geringst möglichen benetzten Oberfläche förmlich über das Wasser weg und treibt trotzdem nicht nach Lee ab. Die Wasserlinien verlaufen bei richtiger Lage des Kielstraks trotzdem schlank.

Für Wanderjollen und dergleichen gilt wieder dasselbe wie beim Hinterschiff; hier läßt sich dieses Prinzip wieder nur in gemilderter Form durchführen. Denn das Vorschiff der Wanderjolle soll auch trocken segeln, eine Forderung, welche nicht nur durch hohen Freibord am Vorsteven erzwungen wird, sondern vor allen Dingen durch eine entsprechende Spantform. Das Spant

Abb. 61. Das tragende Deplacement in der Gegend des Mastes.
Vgl. auch hierzu Abb. 22.

muß stark ausfallend sein, da bei über Wasser stark abgerundeten Spanten mit senkrechten Wänden das Wasser bei Schräglage des Bootes zum Teil gegen die runde Backe schlägt und hochspritzt, zum Teil an der schrägen Wand hinauf und an Deck läuft. Aber hier begegnen sich die Forderungen nach dem geringsten Formwiderstand mit denen des trocknen Segelns. Das scharfe Unterwasservorschiff ist für die ausfallende Spantform ähnlich wie Abb. 60 sehr günstig. Das Boot setzt weich in die Welle ein, statt aufzuschlagen. Die verhältnismäßig geringen Abrundungen geben bei entsprechend großen Decksbreiten die richtige ausfallende Form.

Wie ist es nun zum Schluß noch mit der Stabilität des Vorschiffes? Betrachten wir die Abbildungen 22, 48, 59, 61, so sehen wir, daß bei Neigung des Bootes die Spanten neben dem Mast für die Stabilität des Bootes von besonderer Bedeutung sind. Denn mit diesem Teil liegt das Boot in der Bugwelle, die es stützt, während das Hinterschiff ganz im Wellental liegt. Die Rennjolle, die hauptsächlich durch Gewichtsstabilität ausbalanciert wird, wird mit Rücksicht auf größere Geschwindigkeit nun die hier in Frage kommenden Spanten, die besonders stark vom Wasser berührt werden, möglichst kreisförmig gestalten, da sie dann den geringsten Reibungswiderstand (Abb. 60), aber auch geringe Stabilität, wie schon früher bemerkt, bieten. Die Wanderjolle dagegen wird gerade diese Spanten möglichst auf Stabilität hin formen und unter dem Deck so völlig wie möglich gestalten (Abb. 12).

Ein weiteres Eingehen auf die Konstruktionsprinzipien des Bootskörpers der Segeljolle würde den Rahmen dieses Buches zu weit überschreiten, und es ist ganz gut, wenn nicht alle Geheimnisse verraten werden, und der Leser selbst versucht, den letzten Zusammenhängen zwischen Bootsform und Widerstand nachzuspüren.

7. Die Besegelung.

Was können wir nun weiter tun, um die Geschwindigkeit des Boots zu erhöhen? Haben wir bis jetzt die Widerstände betrachtet, welche die Geschwindigkeit verringern, so bedarf es jetzt noch der Betrachtung derjenigen Teile des Bootes, durch welche die Vorwärtsbewegung desselben verursacht, bzw. vom Wind auf das Boot übertragen werden. Denn auch bei dieser Übertragung können große Teile der im Winde vorhandenen Energien verlorengehen, wenn das Segel eine ungünstige Form oder sonstige Fehler hat. Daß es richtig zum Winde stehen muß, ist dabei als selbstverständlich vorausgesetzt.

Die Frage nach dem günstigsten Verhältnis von Segelfläche zu Deplacement, die von jeher die Konstrukteure beschäftigt hat, soll uns hier nicht weiter interessieren, da dieses Problem in dieser allgemeinen Form überhaupt nicht zu lösen ist. Denn wir wissen, daß es nicht nur auf die Abmessungen eines Bootes und einer Segelfläche ankommt, sondern auf die Form, in welche beide gekleidet werden. Und solange keine Normen über die günstigste Form von Deplacement und Segelfläche aufgestellt sind, solange würde ein derartiges günstigstes Verhältnis noch nicht einmal für eine bestimmte Windstärke festgestellt werden können, geschweige denn für alle Windstärken. Die Behauptung, daß das Deplacement eines Bootes von bestimmter Segelfläche so klein wie möglich sein muß, wenn es eine möglichst hohe Geschwindigkeit erzielen soll, ist durchaus nicht richtig. Denn die von einem Segelboot zu überwindenden Widerstände in Form von

Wellen und Wind, die fortgesetzten Schwankungen unterworfen sind, verlangen eine gewisse Massenwirkung des Bootes, vermöge deren das Boot alle diese Schwankungen nach Möglichkeit ausgleicht. Wir können uns hier leider mit diesen Fragen nicht eingehend beschäftigen, da wir es dann wieder mit der Massenwirkung bewegter Körper zu tun bekommen, was nicht in drei Sätzen erledigt ist. Es soll nur darauf hingewiesen werden, daß nur bei ganz gleichmäßigen Winden und vollkommen glattem Wasser, eine Bedingung, die fast nie erfüllt ist, das ganz leichte Boot schneller sein wird. Bei unregelmäßigen Winden aber ist das schwerere Boot im Vorteil, besonders wenn noch Seegang vorhanden ist, denn dann ist der Druck des Windes und ebenso der des Wasserwiderstandes nicht mehr als ruhende statische Kraft zu betrachten, sondern jetzt übt der Wind infolge seiner fortwährenden Bewegungsänderung eine Massenwirkung auf das Segel und somit auch auf das Boot aus, demzufolge das Boot bei Nachlassen des Windes infolge seiner größeren Masse besser durchhält als das leichte Boot. Bei Winden, die fast nur aus kurzen Drückern und dazwischen liegenden Flauten bestehen, kann sogar die schwere Wanderjolle ebenso schnell sein wie die Rennjolle, die bei Aufhören des Drückers sofort wieder still liegt. Der Rennjollensteuermann, der beim Einsetzen einer Böe seine Rennjolle mit gewaltigem Schwung dahinziehen sieht, muß sich an das langsamere Anspringen der Wanderjolle erst gewöhnen. Hat er also bei einer Rennjolle auf Regatten hauptsächlich den ersten Teil der Böe geschickt auszunutzen, so muß er bei der Wanderjolle darauf achten, das Boot allmählich in Fahrt zu bringen und diese Fahrt möglichst nicht wieder herauszulassen. Passiert es ihm durch ein falsches Segelmanöver doch, so ist es, wenn ihm nicht ein Privatdrücker zu Hilfe kommt, sehr schwer, das Boot wieder auf dieselbe Geschwindigkeit der abziehenden konkurrierenden Boote zu bringen. Streng genommen übt der Wind ja auch bei geringer und auch bei ganz gleichmäßiger Stärke, wie schon erwähnt, nicht einen statischen Druck, sondern eine Massenwirkung aus, da genaue Messungen ergeben haben, daß auch der gleichmäßigste Wind fortwährend stark schwankt. Wir haben es also mit der Bewegung des Windes zu tun. Die Zugrundelegung der Massenwirkung des Windes gibt uns für manche Erscheinung eine gewisse Erklärung.

Hochtakelung und Gaffelsegel.

Da ist zunächst die Tatsache, daß die sogenannte Hochtakelung, also die gaffellose Besegelung, sich für Jollen durchaus nicht bewährt hat, während sie sich bei den größeren, schwereren

Fahrzeugen jetzt ausschließlich durchgesetzt hat. Woran kann das liegen? Die einzige Erklärung, die hier bis jetzt möglich ist, ist die, daß die Hochtakelung zu starr und unbeweglich ist gegenüber der Gaffeltakelung, bei welcher das Ausschwingen der Gaffel mitsamt dem daran befestigten Segel als Massenwirkung gegenüber dem geringen Gewicht der Jollen von ganz besonderer Bedeutung ist. Diese Wirkung ist selbst bei ganz flauen Winden und besonders vor Wind so groß, daß gute Steuerleute sie dadurch unterstützen, daß sie nicht nur mit losen Schoten, sondern auch mit losen Wanten und Stagen segeln, damit sich die Bewegung des Segels auf den Mast und die ganze Takelage überträgt. Dieser Bewegungsimpuls übt auf das geringe Gewicht der Jolle eine viel größere Wirkung aus als der gleichstarke Winddruck gegen eine starre Fläche. Bei großen Booten kann diese Wirkung natürlich gegenüber dem großen Gewicht von Boot und Ballast weniger ins Gewicht fallen, obgleich noch nicht gesagt ist, daß die Hochtakelung sich behaupten wird. Denn im Jahre 1926 hat noch ein 45 qm-Kreuzer mit Jollenbesegelung (Pusch Paule) überlegen gesiegt.

Die obige Auffassung wird noch durch andere Erscheinungen gestützt. Das ist die Tatsache, daß ein bauchiges Segel vor Wind besser ist als ein flachstehendes, da es, abgesehen von strömungstheoretischen Erwägungen auch mehr „arbeitet". Der Großbaum kommt schon bei geringen Drücken hoch, während er sich beim flachen Segel wenig rührt. Desgleichen ist das Segel mit kurzer Vorliek und langer Gaffel ebenfalls vor Wind besser, da dann die Masse von Spieren und Segel besser ausschwingt als bei einem Segel mit langem Vorliek und kurzer Gaffel, das am Winde wieder besser ist. Man muß bei der Betrachtung der Massenwirkung des Windes auf das Segel auch bedenken, daß der Wind nicht nur vermöge seiner Strömung gegen das Segel eine Massenwirkung ausübt, sondern daß auch jeder Luftwirbel an sich wieder eine besondere Massenwirkung auf das Segel überträgt, die von einem leichtbeweglichen Segel besser aufgenommen und in Druck verwandelt wird, als von einem verhältnismäßig starren Segel, dem die Masse der schwingenden Gaffel fehlt. Die Energie dieser Luftwirbel nennt man die innere Energie des Windes.

So sehen wir also immer wieder die große Bedeutung der Massenwirkung, sobald es sich um bewegte Teile handelt.

Die Form des Großsegels.

Da die Form der Segel, ob hoch und schmal, oder niedrig und breit, mit langem Vorliek und kurzer Gaffel oder umgekehrt eine große Rolle für die günstigste Ausnutzung des Windes spielt, so ist man in den letzten Jahren dazu übergegangen, in diese Formen ein gewisses System zu bringen, um ganz systematisch der günstigsten Wirkung nachspüren zu können. Da die großen Schiffe ganz zur Hochtakelung übergegangen sind, so beziehen sich diese Formen der Gaffelsegel ausschließlich auf Jollen.

Betrachtet man die älteren Jahrgänge der „Segeljolle", so ist in bezug auf die Form der Segel irgendein einheitlicher Gedanke oder irgendeine besondere immer wiederkehrende Art von Segelform nicht festzustellen. Das hat sich insofern geändert, als dem Segel mit kurzem Vorliek und längerer Gaffel jetzt anscheinend das Feld gehört. Der Grund, das bessere Ausschwingen auch bei geringen Winden, ist oben schon angegeben. Und diese Art von Segel ist es, die nun in ein festes System gebracht worden ist, damit eine systematische Erprobung vom breiten, niedrigen bis zum schmalen und höheren Segel möglich ist und das als richtig erkannte Verhältnis von Höhe zu Breite für die verschiedenen Bootsklassen beibehalten werden kann.

Betrachtet man die in Abb. 62 bis 67 dargestellten Segelrisse von Drewitz, Retzlaff, Bebensee usw., so sind dieselben trotz

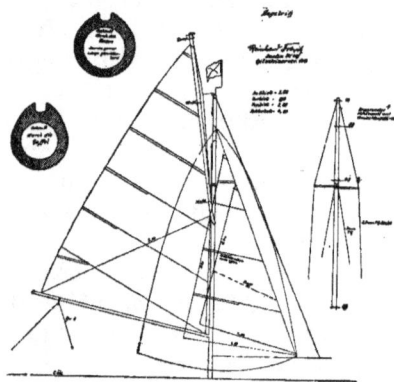

Abb. 62. Gaffellänge gleich Segeldiagonale. Verhältnis zur Länge des Vorlieks c : a = 1,5.

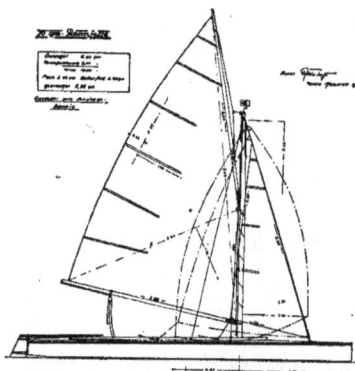

Abb. 63. c : a = 1,67.

ihrer verschiedenen Breite und Höhe dadurch gleichmäßig gekennzeichnet, als bei ihnen die Länge der Gaffel mit der Länge der Diagonalen von der Klau zum Schothorn übereinstimmt.

Die meisten anderen Segelrisse der letzten Jahre weichen von diesem Verhältnis nach oben und unten nur ganz minimal ab.

Die Neigung des Großbaums zur Horizontalen ist etwa dabei ca. 8°, diejenige der Gaffel zur Senkrechten etwa 14°. In Wirk-

110

lichkeit steht das Segel nachher steiler, da es immer etwas überpiekt werden muß, wenn es richtig stehen soll.

Dieses gleichmäßige Verhältnis der Gaffel zu der angegebenen
Diagonalen gibt dem Segel nicht nur ein harmonisches und gefälliges
Aussehen, so daß man bei Anwendung dieses Verhältnisses nie

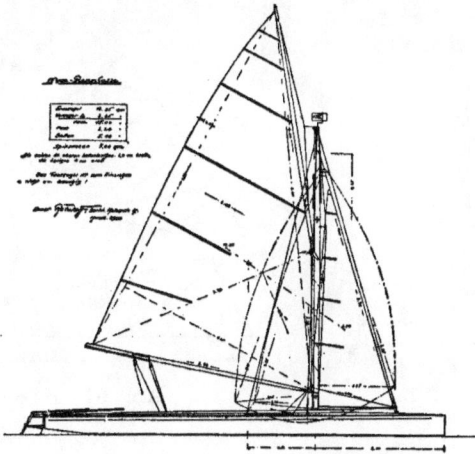

Abb. 64.   c : a = 1,85.

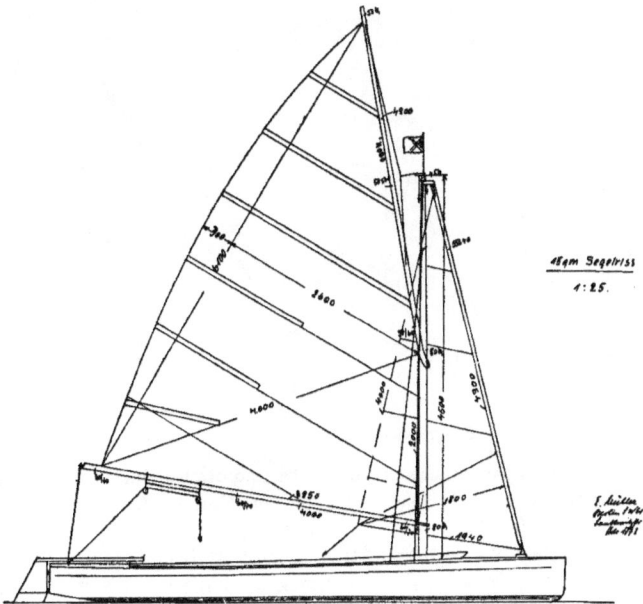

Abb. 65.   c : a = 2,00.

Gefahr läuft, einen unschönen Segelriß zu erhalten, sondern ermöglicht, jetzt alle Abmessungen des Segels zueinander in ein bestimmtes Verhältnis zu bringen. Denn nach Abb. 68 links ist

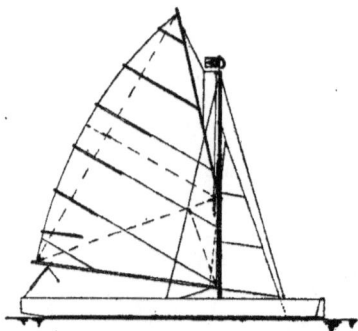

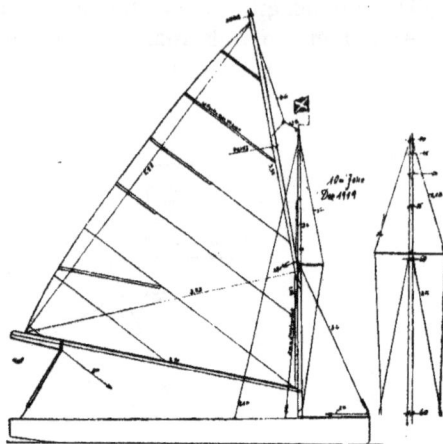

Abb. 66. c : a = 2,15.

Abb. 67. c : a = 2,5.

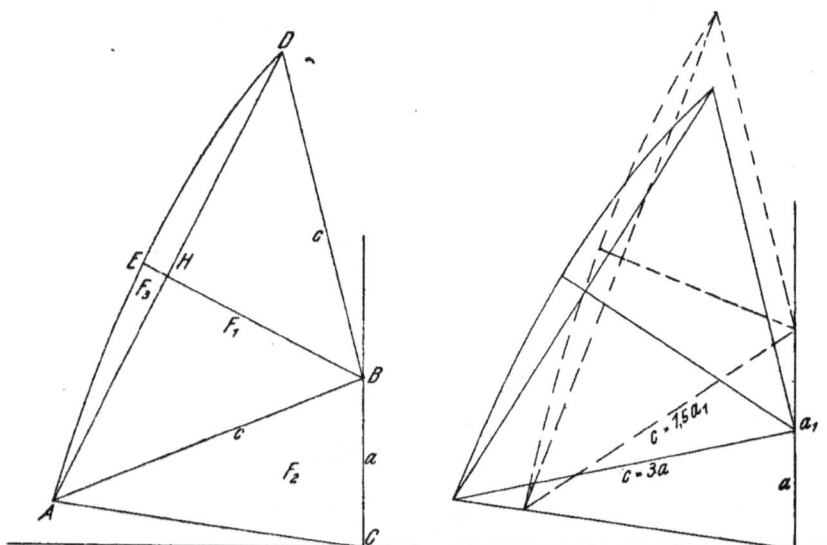

Abb. 68. Veränderungsmöglichkeit von Höhe und Breite einer Segelfläche durch das Verhältnis c : a bei gleicher Länge von Gaffel und Segeldiagonale.

nun die Segelfläche, wenn man von der Rundung am Achterliek zunächst absieht, in ein gleichschenkliges und ein spitzwinkeliges Dreieck F_1 und F_2 geteilt. Nimmt man an, daß der Inhalt des

112

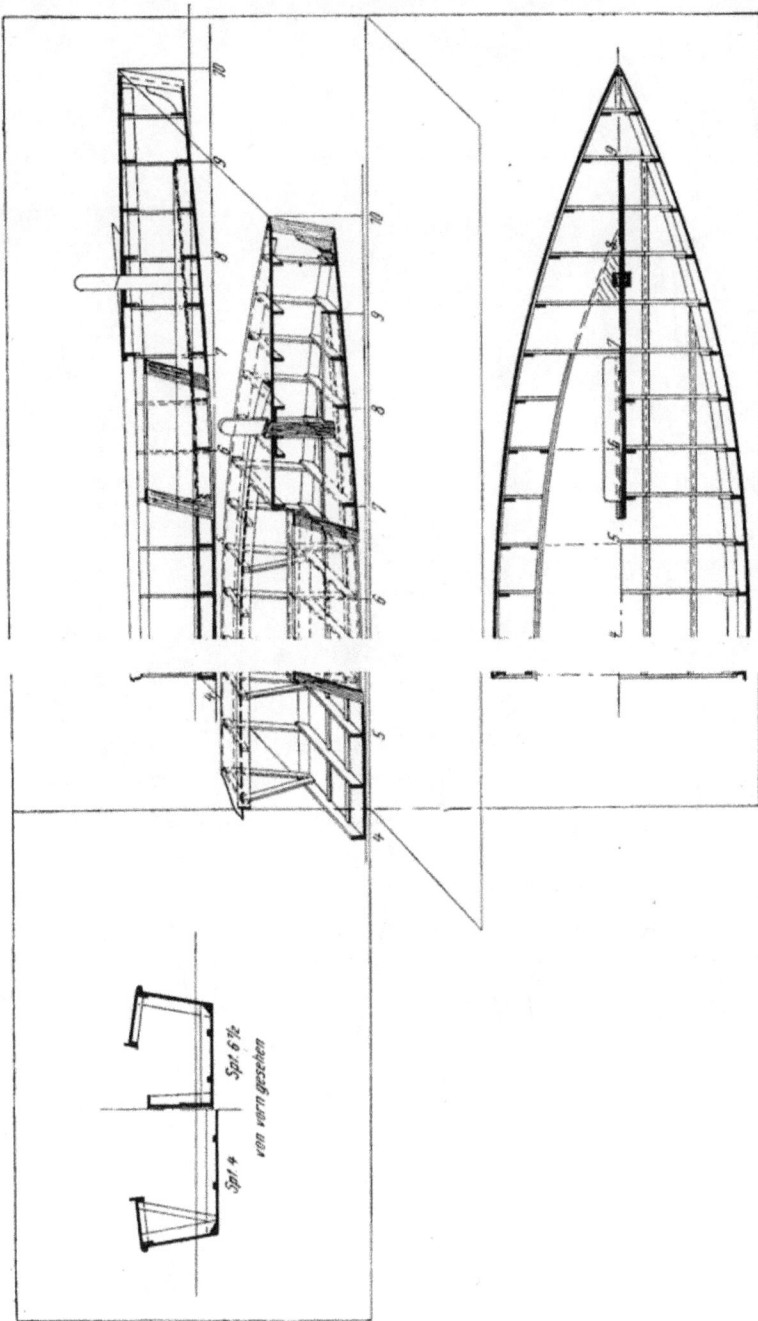

Tafel VII. Vorschiff einer Kastenscharpie. Backbordseite. Die Bodenbretter sind fortgelassen.

Tafel VII.

Spt. 6½
Spt. 4
von vorn gesehen

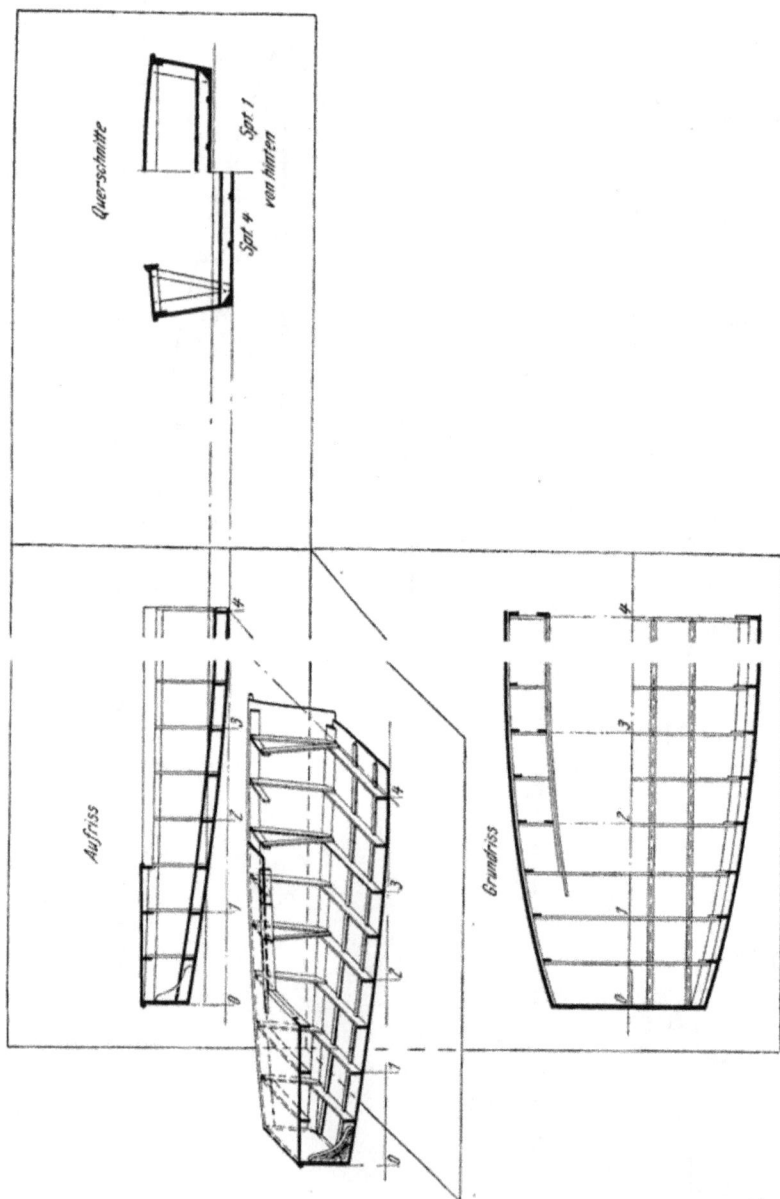

Querschnitte

Spt. 1 von hinten

Spt. 4

Aufriss

Grundriss

Tafel VIII. Hinterschiff einer Kastenscharpie. Backbordseite. Die Bodenbretter sind fortgelassen.

Tafel VIII.

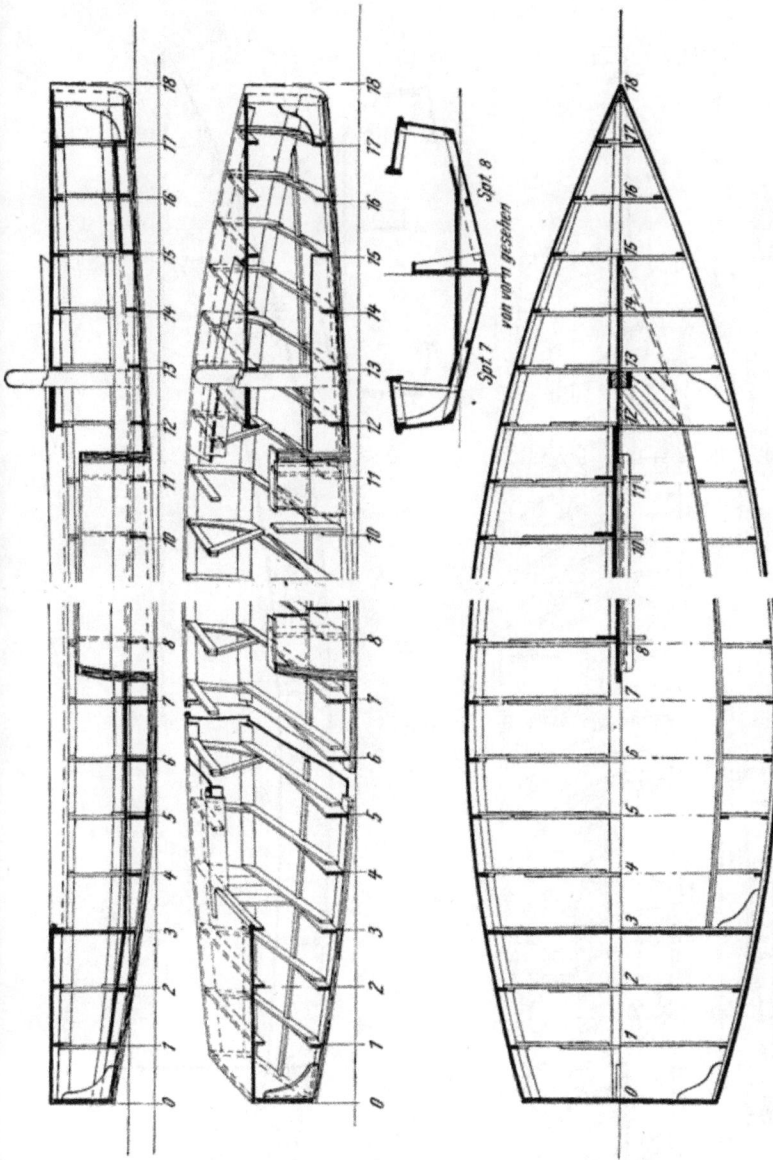

Tafel IX.

Tafel IX. Bauzeichnung einer Spitzbodenscharp

Backbordseite. Die Bodenbretter sind fortgelassen.

Spt. 7 Spt. 8 von vorn gesehen

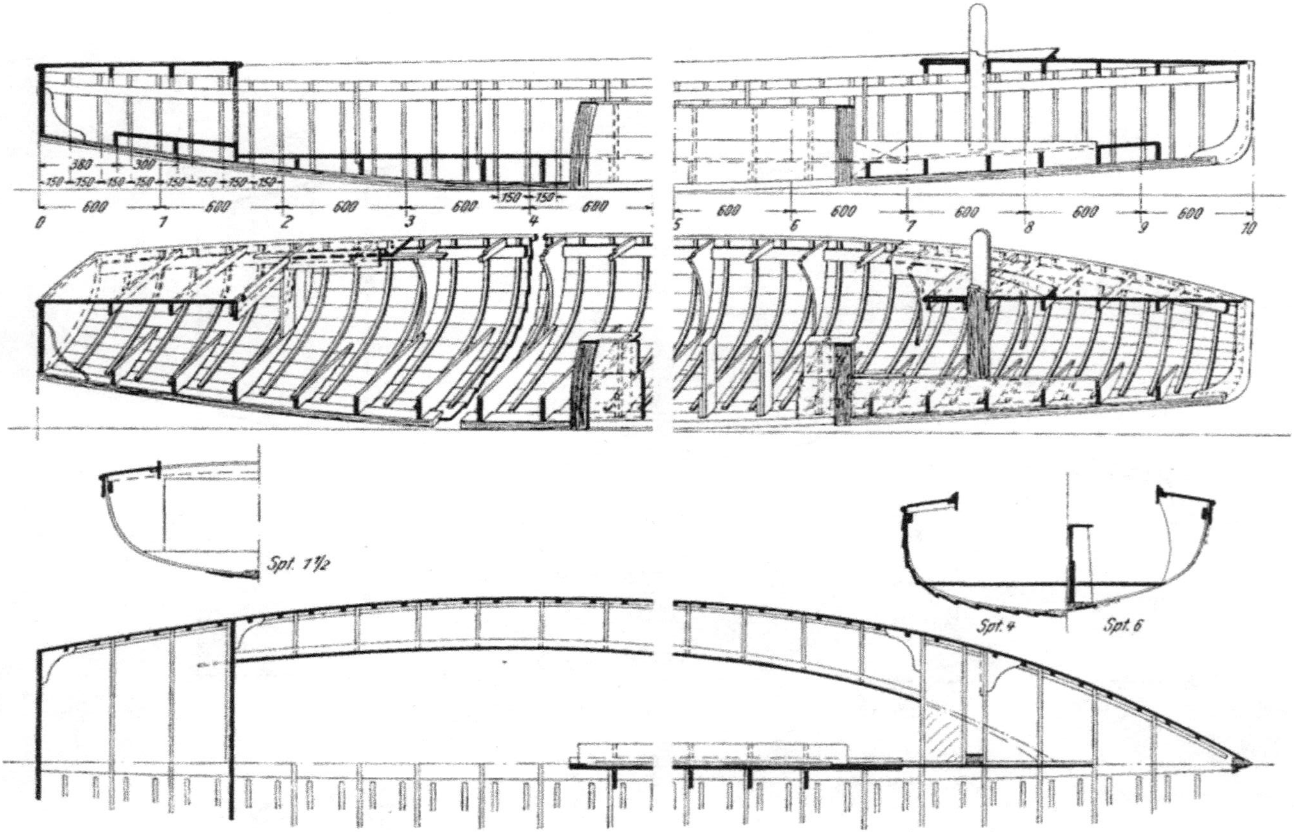

Tafel X.

Tafel X. Bauzeichnung einer rundspantigen Jolle, gekl inkert. Backbordseite. Der Fußboden ist fortgelassen.

Tafel XI.

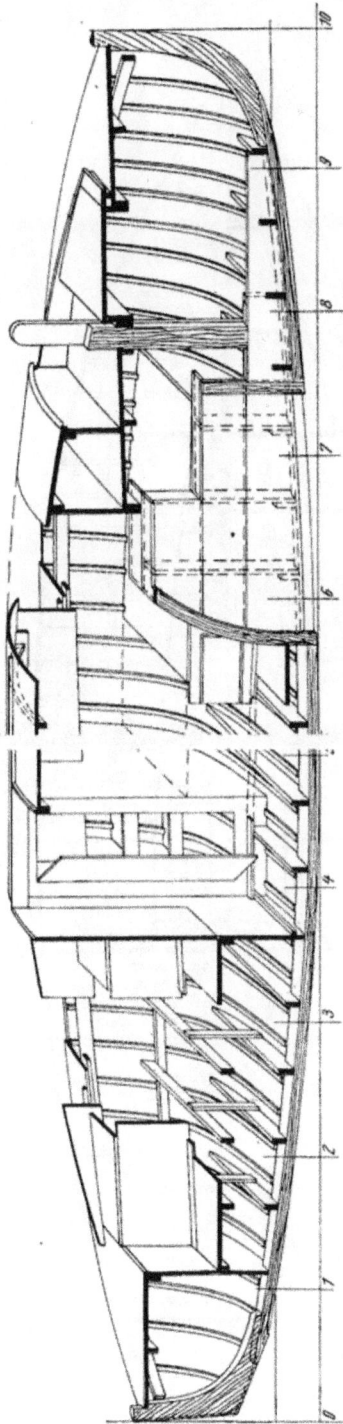

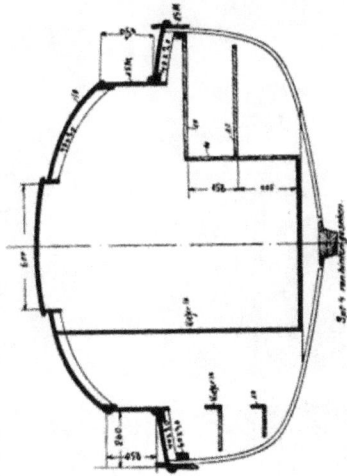

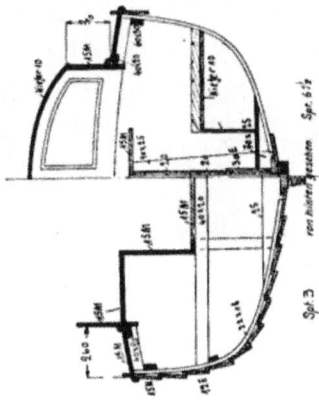

Tafel XI. Perspektivischer Längsschnitt und Querschnitte eines Spitzgattjollenkreuzers.

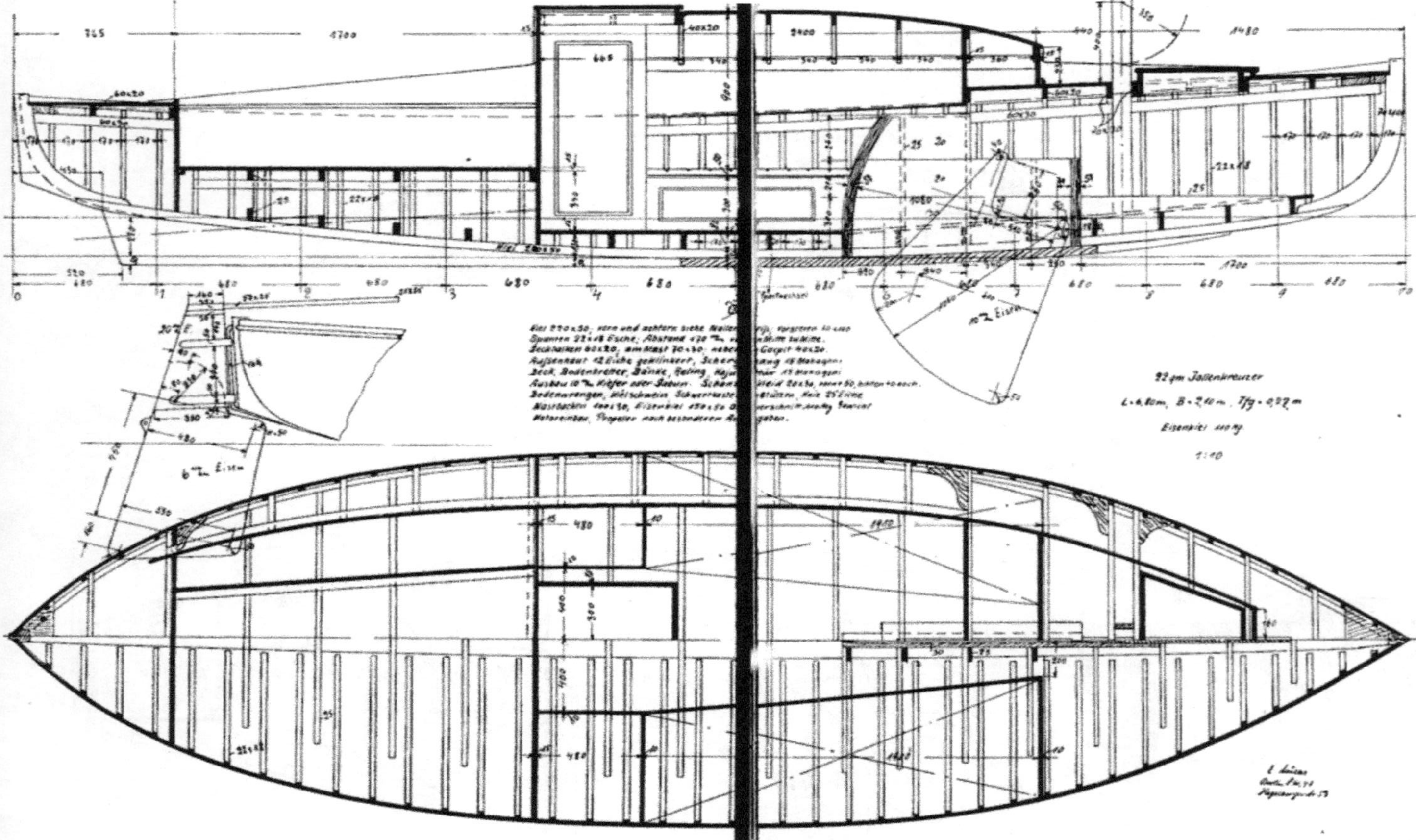

Tafel XII.   Bauzeichnung eines Spitzgattjollenkreuzers.

Dreiecks F_3 immer $^1/_{10}$ der ganzen Fläche ausmachen soll, so ist das Segel um so niedriger und breiter, je größer das Verhältnis der Diagonalen oder der Gaffel zum Vorliek und um so höher und schmaler, je kleiner dieses Verhältnis ist (Abb. 68 rechts). Bei gleicher Länge von Gaffel und Diagonalen ist also die Form des Segels in dem Augenblick bestimmt, wo man sich für ein bestimmtes Längenverhältnis von Gaffel zum Vorliek = X entschieden hat. In den Abbildungen 62—67 finden wir der Reihe nach ein Verhältnis von X=1,50 bei Abb. 62, X=1,66 bei Abb. 63, X=1,85 bei Abb. 64, X=2 bei Abb. 65, X=2,15 bei Abb. 66, X=2,50 bei Abb. 67.

Darunter und darüber fängt die Form der Segel an ungünstig zu werden. Im allgemeinen kann man sagen, daß die Amwindeigenschaften innerhalb der Grenzen von X = 1,5 bis X = 2,5 um so besser sind, je kleiner X und die Vorwindeigenschaften um so besser, je größer X ist. Ein X = 2 ergibt also ungefähr die Segelform, welche für beide Windrichtungen am brauchbarsten ist. Abb. 65, bei der die Gaffel die doppelte Länge des Vorlieks hat, macht auch den ausgeglichensten Eindruck.

Damit soll nun nicht gesagt sein, daß diese Form die allein seligmachende ist. Es besteht aber jetzt die Möglichkeit, aus dieser Grundform, die jederzeit leicht gefunden werden kann, andere Formen mit längeren und steileren oder kürzeren und flachliegenden Gaffeln abzuleiten, indem man nach Abb. 69 in der Gaffelpartie von der Grundform zwei flächengleiche Dreiecke abschneidet.

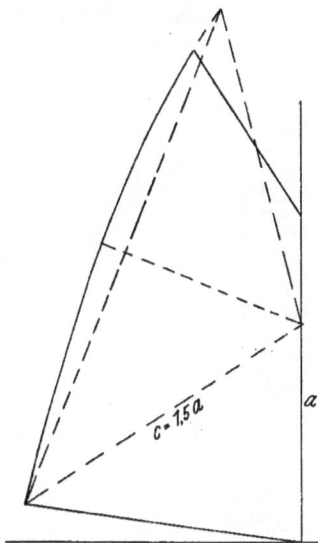

Abb. 69. Veränderungsmöglichkeit der Gaffelpartie.

Einfache Bestimmung der Abmessungen des Großsegels.

Außerdem hat diese Normung den Vorteil, daß nun nach einer einfachen Formel bzw. nach einem die Resultate dieser Formel enthaltenden Diagrammblatt sämtliche Abmessungen des Segels sofort gefunden werden können, sobald das Verhältnis X gewählt ist. Nach dieser vom Verfasser in der „Yacht" Nr. 4, 1925, entwickelten Formel ergibt sich aus diesem Diagrammblatt diejenige Zahl Y, durch welche die Größe der unterzubringenden Segelfläche in qm nur dividiert zu werden braucht, um die Länge des Vorlieks a in m finden zu können. Hat man diese Länge gefunden, so ergibt sich aus dem gewählten Verhältnis die Länge der Gaffel und der Diagonalen, womit die Punkte A und D (Abb. 68) festgelegt sind. Die Formel für die Länge des Vorlieks lautet:

$$a = \sqrt{\frac{F}{y}} \qquad (16)$$

Ein Beispiel soll den kurzen Rechnungsgang erläutern. Es seien 12,6 qm im Großsegel einer 15 qm-Jolle unterzubringen, das Verhältnis von Gaffel zum Vorliek soll 2 betragen. Nach dem

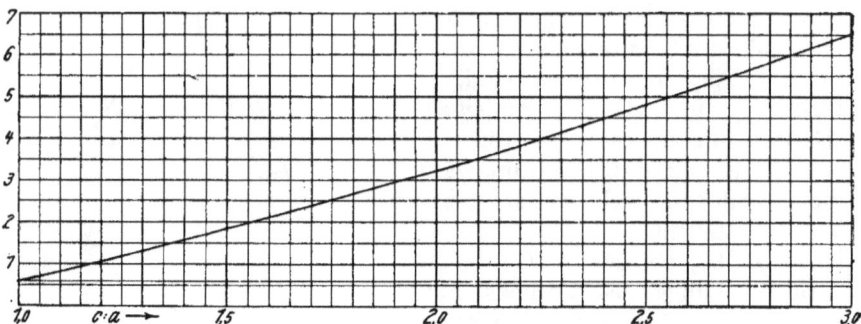

Abb. 70. Berechnungsdiagramme für Segelflächen.

Diagramm (Abb. 70) ist das zu X = 2 gehörige Y = 3,24. Die Länge des Vorlieks ist jetzt

$$a = \sqrt{\frac{12,6}{3,24}} = 1,96 \text{ m} = \text{ca. } 2 \text{ m (Abb. 65)}. \qquad (17)$$

Mithin wird die im Winkel von 14° zur Senkrechten zu zeichnende Gaffel = 4 m, ebenso die Diagonale, welche den im Winkel von 8° zur Horizontalen gezeichneten Großbaum im Punkt A schneidet. A mit D verbunden ergibt die Basis der Abrundung am Achterliek. Die Strecke E H ergibt sich, wenn man die Länge dieser Basis aus der Zeichnung herausmißt und daran denkt, daß der Inhalt der abgerundeten Fläche = $^2/_3$ Grundlinie mal Höhe ist. Da andererseits der Inhalt dieser Fläche gleich $^1/_{10}$ F sein soll, so ist

$$\frac{1}{10} F = \frac{2 \, A D \cdot E H}{3}$$

$$E H = \frac{3 \, F}{20 \, A D} \qquad (18)$$

Die Länge unserer Basis ist nach Abb. 65 = 6,1 m.   Also ist

$$E H = \frac{3 \cdot 12,6}{20 \cdot 6,1} \text{ m} = 0,31 \text{ m}. \qquad (19)$$

An Hand dieses Diagramms ist also der Leser in der Lage, jede Segelform augenblicklich zu zeichnen und die verschiedensten Seitenverhältnisse auszuprobieren. Es sei noch darauf hingewiesen, daß das Diagramm auch dann noch praktisch zu verwerten ist, wenn die Richtung von Gaffel und Großbaum eine etwas andere ist, z. B. je 10° zur Senkrechten und Horizontalen, Baum und

Abb. 71. Segel mit hängendem Baum und zu steiler Gaffel, die nicht mehr überpiekt werden kann, um das Segel zum Stehen zu bringen. Ein hoffnungsloser Fall.

Gaffel stehen dann etwas steiler. Es muß aber berücksichtigt werden, daß der Großbaum sowieso höher zu stehen kommt als gezeichnet, da der Segelstoff am Achterliek einläuft und die Gaffel überpiekt wird. Bei steil gezeichneter Gaffel ist dies Überpieken infolge Reckens des Hahnepots und infolge des Platzbedarfs für die Führungs- und Befestigungselemente des Piekfalls nur in geringem Maße möglich, was dann unangenehm sein kann, wenn das Segel zu flach steht und durch Überpieken bauchiger gestaltet werden soll. An dem Segel nach Abb. 71 mit steiler Gaffel und herunterhängendem Baum ist nichts mehr zu retten.

Die Wölbung des Großsegels.

Aus dieser Bemerkung sehen wir, daß es bei der günstigsten Ausnützung der Windkraft nicht nur auf die Konturen des Segels ankommt, sondern auch auf die richtige Wölbung der Segelfläche. Wir wollen hier nicht auf die neuesten Forschungen der Segeltheorie eingehen, da die gemachten Erkenntnisse in der augen-

Abb. 72. Gutstehendes Segel mit richtiger Lage von Großbaum und Gaffel.

blicklichen Form der Segel auch nur das beste Kompromiß erblicken, das bei den vielen Bedingungen, die durch die verschiedenen Windstärken und Windrichtungen an die Form des Segels gestellt werden, möglich ist. Wir wollen nur darauf hinweisen, daß diese Wölbung etwa auf ein Drittel der Segelfläche vom Mast aus gerechnet ihren größten Wert haben muß, der etwa $^{1}/_{12}$ bis höchstens $^{1}/_{10}$ der ganzen Tiefe sein darf. Es empfiehlt sich für

Jollen, diesen Bauch nicht zu groß zu machen und es bei höchstens $^1/_{12}$ zu belassen. Die Vergrößerung des Bauches etwa beim Segeln vor Wind ist dann immer durch Überpieken möglich, während die Amwindeigenschaften durch geringes Fieren der Piek im allgemeinen verbessert werden, vor allen Dingen bei viel Wind.

Es empfiehlt sich für jeden Segler, einmal aufmerksam während der Fahrt die Wirkung des verschieden starken Anpiekens auf den Bauch und den Stand des Segels zu beobachten. Er wird dann bald feststellen, daß das gute Stehen des Segels von dem richtigen Anpieken der Gaffel abhängig ist. Im allgemeinen empfiehlt es sich, die Gaffel so zu überpieken, bis die Falten (wenn das Boot im Winde steht) von der Nock der Gaffel zum Hals des Segels am Großbaum laufen, besonders in der ersten Zeit, wo der Wind den Bauch noch nicht gleichmäßig durchgearbeitet hat und noch flache Stellen und Falten bestehen. Abb. 72 zeigt ein gut angepiektes Segel mit richtiger Wölbung und richtig stehendem Großbaum. Die oberhalb der Klau verlaufenden Taschen zur Aufnahme der Segellatten macht man jetzt fast immer durchgehend (Abb. 65), um besonders bei Regatten die richtige Wölbung des Segels zu erzwingen bzw. zu verbessern. Bei Wanderfahrten, wo die langen Latten beim Segelbergen sehr stören, setzt man kürzere Latten ein.

Das Vorsegel.

Die Ausführungen über das Großsegel gelten sowohl für das Cat- als für das Sloopsegel. Da das Catsegel infolge seiner Unterlegenheit gegen die Sloopbetakelung vollkommen abgekommen ist, so daß heute sogar die 10 qm-Boote trotz ihrer Kleinheit Groß- und Vorsegel tragen, muß zum Schluß über das letztere noch einiges gesagt werden. Was zunächst die Größe des Vorsegels anbelangt, so wird bekanntlich nach den geltenden Vermessungsbestimmungen nicht die Größe des Vorsegels selbst vermessen, sondern die Größe des sogenannten Vorsegeldreiecks, das gebildet wird durch das Vorliek des Vorsegels, die Vorderkante des Mastes und die Oberkante des Decks. Im Verhältnis zum Großsegel hat man dieses Dreieck früher und heute noch bei großen Booten etwa $\frac{1}{4}$ so groß wie das Großsegel gemacht, ist aber jetzt bei den Jollen bis auf $^1/_5$ heruntergegangen. Hin und wieder kommt natürlich auch ein Versuch mit einem ganz großen Vorsegeldreieck vor.

Man versucht nun die Wirkung des zugunsten des Großsegels verringerten Vorsegeldreiecks wieder dadurch zu vergrößern, daß man jetzt fast ausschließlich dazu übergegangen ist, das Focksegel selbst so groß wie möglich zu machen und weit hinter das Großsegel fassen zu lassen. Die Ansicht, daß besonders für das Kreuzen eine kleine Fock vorteilhafter ist, scheint bei den kleinen, äußerst wendigen Jollen, die auch mit einer großen Fock gut an und durch den Wind gehen, nicht in dem Maße zuzutreffen, wie vielleicht bei großen Booten. Denn man muß auch daran denken, daß man nicht immer hoch am Winde segelt und auf unseren Binnenrevieren der Wind in seiner Richtung nicht beständig ist. Sobald er aber raumer kommt, zieht eine große Fock doch ganz gewaltig. Es ist also sehr schwer festzustellen, ob eine große Fock beim Kreuzen ungünstiger ist oder nicht. Aber selbst wenn sie es sein sollte, so überwiegen bei raumeren Winden die Vorteile derartig, daß man eine geringe Verschlechterung am Winde in Kauf nehmen könnte.

Sodann muß daran gedacht werden, daß hier nicht einfach eine kleine Fock durch eine größere ersetzt wird, sondern diese größere Fock ist doch im Schnitt und in der Wölbung etwas anders gestaltet und ist nicht so einfach anzufertigen. Würde man einfach eine größere Fock nehmen, so würden sofort zwei Übelstände eintreten. Erstens würde der Abwind aus der Fock wahrscheinlich nicht am Großsegel entlang streichen, sondern von Lee in dasselbe hineinströmen, wodurch nicht nur der Bauch des Großsegels verschwindet, sondern auch das ganze Strömungsbild in Lee, auf das es hauptsächlich ankommt, zerstört wird. Das Achterliek der richtig geschnittenen sogenannten Großfock verläuft in einiger Entfernung vom Großsegel genau der Kontur des Großsegels entsprechend, so daß nicht nur der Bauch, sondern auch das Auswehen des Segels nach der Gaffel zu genau berücksichtigt ist, ähnlich wie bei der verhältnismäßig großen Fock nach Abb. 72. Sodann wird dieser Abwind besser abgeleitet, als diese Fock keinen Bauch hat. Und das ist der zweite Punkt, der bei Anfertigung einer Großfock zu berücksichtigen ist. Hat nämlich die frühere Fock (Abb. 72) ähnlich wie das Großsegel eine Wölbung, die hinter dem Vorliek auf $1/_3$ der Tiefe am größten ist, so ist diese Wölbung jetzt deshalb nicht mehr angebracht, als die Großfock meistens an einem hölzernen Vorstag befestigt ist. Dieses hölzerne Vorstag wird deshalb verwendet, weil die Pardunen bei der großen Fock im Wege sind und fortfallen müssen. Ein Vornüberneigen des Mastes muß daher von vorn her durch eine Stütze verhindert werden (Abb. 65). Diese Stütze, die meistens einen tropfenförmigen Querschnitt hat, hat den Nachteil, daß sie selbst einen Abwind verursacht, wenn das Boot hoch am Winde segelt. Und dieser Abwind stört eine etwa vorhandene starke Wölbung der Fock derartig, daß die Großfock schon stark an zu killen fängt, bevor das Boot richtig anliegt. Man kann sich bei der Großfock auch deswegen einen Bauch sparen, als infolge der großen Breite der Fock sie sich unter dem Druck des Windes von selbst gleichmäßig wölbt. Diese geringe gleichmäßige Wölbung wird durch das Vorstag nicht gestört und läßt den Abwind günstig abfließen. Daß diese Focks vielfach schon so groß gemacht werden, daß die Breite des Decks nicht mehr ausreicht, um die Schotleit- öse aufzunehmen, so daß ein besonderes über das Deck vorstehendes Gestänge gebaut werden muß, halte ich für übertrieben. Und selbst wenn hiermit noch aerodynamische Vorteile verbunden sein sollten, so stellen diese Ausleger doch eine solch große Gefahr für das eigene Boot und bei Regatten besonders auch für andere Boote und deren Mannschaften dar, daß man sich hier die Be- schränkung auflegen sollte, die Fock nur so groß zu machen, als es die Breite des Decks zuläßt.

Jollenkreuzer mit Großfock und hölzernem Vorstag.

Die Bootselemente
und ihre zeichnerische Darstellung.

Wer zum ersten Male an Bord einer Segeljolle kommt und dort von Kielschwein, Fisch und Schoten hört, der denkt vielleicht an ein besonders delikates Nationalessen der Seeleute oder eine Art von Schaffermahlzeit, von der er auch gelegentlich schon mal gehört haben mag. Er wird sich aber bald davon überzeugen müssen, daß es sich hierbei um durchaus unverdauliche Gegenstände handelt, die nichts mit der Seemannskost zu tun haben, weder mit „Labskaus" noch mit „schiefen Wind" verwechselt werden dürfen, sondern feste Bestandteile des Bootskörpers bzw. des sogenannten laufenden Guts darstellen.

Da ihm derlei Verwechselungen auch bei anderen Bezeichnungen passieren können, so tut der Leser gut, sich die Bezeichnung der Bootselemente und ihre Bedeutung für die Sicherheit und Festigkeit des Bootskörpers genau einzuprägen.

Ohne also auf besondere lukullische Genüsse zurückkommen zu wollen, versteht man unter Kielschwein eine auf dem Kiel angebrachte Verstärkung, welche bei großen Segelschiffen sich über die ganze Länge des Kiels erstreckt, bei unseren kleineren Segelbooten aber meist nur an der Stelle angebracht ist, an welcher der Mast auf dem Kiel steht, da besondere Beanspruchungen durch den Mast auf den Kiel übertragen werden. Im Bootsbau besteht diese Verstärkung meist aus einem hochkant stehenden Brett, das vom Schwertkasten aus bis nach vorn reicht und bei solider Bauart mit dem Schwertkasten und dem Kiel fest verbunden ist. Vielfach ist auch der untere Teil des Schwertkastens auf einer Seite gleich als Kielschwein weitergeführt (Tafel VII). Damit aber auch der Querverband durch das Kielschwein nicht durchbrochen wird, wird dieses so hoch ausgeführt, daß es über den Bodenwrangen, die quer über dem Kiel stehen, durchläuft und an der Stelle ausgespart ist, an denen die Bodenwrangen durch das Kielschwein hindurchtreten. Abb. 73 zeigt das fertig ausgesägte Brett, während die Tafeln VII, IX und X die Anordnung des Kielschweins und der Bodenwrangen zeigen.

Die Stelle, an welcher der Mast auf dem Kiel bzw. Kielschwein befestigt ist, heißt Mastspur.

Durch den Mast werden aber die Beanspruchungen des Segeldrucks nicht nur auf den Kiel übertragen, wo sie durch das Kielschwein aufgenommen werden, sondern auch auf das Deck, wo sie nun von dem anderen Tierchen, das nach Meinung des Lesers nur im Wasser vorkommen soll, dem Fisch, auf das Deck übertragen werden. Allerdings ist der Fisch kein besonderer Gegenstand, sondern man bezeichnet damit lediglich die Stelle, an welcher der Mast durch das Deck tritt. Daher liest man in Bauvorschriften häufig den Satz, daß Mast und Deck „im Fisch" zu verstärken sind. Der Mast hat daher im Fisch immer seinen größten Querschnitt, und meistens ist das Deck an dieser Stelle durch eine Doppelung verstärkt. Siehe Tafel VII, IX, X. Diese Doppelung wird bei

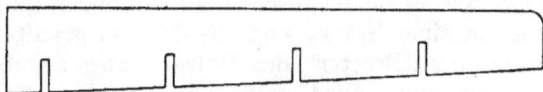

Abb. 73. Das Kielschwein.

Segelbooten unter dem Deck angebracht und dient dann auch gleich zur Aufnahme der Beschläge für die Falle, mittels deren die Groß- und Vorsegel gesetzt werden. Mit Fisch oder Fischung bezeichnet man auch die häufig über das ganze Vor- und Hinterschiff reichende, besonders starke Mittelplanke des Decks, die hauptsächlich dann angebracht wird, wenn das übrige Deck aus einer großen Zahl schmaler Decksplanken, einem sogenannten Stabdeck besteht, so daß also in diesem Falle die Mastbeanspruchungen durch die starke Mittelplanke mittels der Decksbalken auf das ganze Deck übertragen werden. Der Leser hat schon gehört, daß der äußere Rand des Decks mit Schandeckel bezeichnet wird. Bei einem Stabdeck ist meistens dieser Schandeckel ebenfalls eine stärkere Planke, die auch Leibholz genannt wird, wie man auch alle anderen besonders starken Decksbegrenzungen, wo sie etwa bei Luken oder sonstigen Decksöffnungen vorkommen sollten, als Leibhölzer bezeichnet. Laufen nun die einzelnen Stäbe des Decks parallel zum Mittelfisch, so stoßen sie mit ihren abgeschrägten Enden gegen das äußere Leibholz und werden bei sauberer Arbeit etwas in das Leibholz eingelassen. Haben sie eine parallele Rundung zum Schandeckel, dann stoßen sie gegen den Mittelfisch und sind in diesen eingelassen. Sollte der Leser sich einmal für ein Stabdeck entscheiden, ohne daß dasselbe vom Konstrukteur vorgesehen war, dann muß er daran denken, den Abstand der Decksbalken wesentlich zu verringern, da sonst der Zweck des Stabdecks, die bessere Dichtigkeit, nicht erreicht wird. Denn die einzelnen Stäbe biegen sich beim Betreten des Decks natürlich viel mehr durch als eine breite, aus einem Stück hergestellte Decksfläche.

Dem Leser ist vielleicht schon aufgefallen, daß man immer von Decksplanken und Außenhautplanken spricht, aber nie von Fußbodenplanken, sondern nur von Fußbodenbrettern, trotzdem es dasselbe Holz ist. Es handelt sich hier eben um bootstechnische Bezeichnungen, die aus dem Großschiffbau übernommen sind, wo die Außenhaut und die Decks natürlich solche Stärken haben, daß nur Planken, das sind Holzstärken von 30—70 mm, im Holzgewerbe auch ,,Dielen" genannt, zur Verwendung gelangen. Fußböden gibt es im Großschiffbau nicht, da der Fußboden in einem Decksraum zugleich das Deck für den darunter liegenden Schiffsraum ist. Wo es im Kleinschiffbau Fußböden gibt, da sind sie auch immer in einer Stärke von 12—30 mm gehalten, so daß hier die Bezeichnung ,,Bretter" des Holzgewerbes angebracht ist. Und diese Bezeichnung wird auch im Bootsbau beibehalten, auch wenn die Bodenbretter dünner als 12 mm sind und dann ,,Dickten" zur Verwendung kommen und keine Bretter.

Zum Vorsteven, der häufig dicker ist als 70 mm, benötigt der Bootsbauer ein Stück Bohle.

Für den Kiel, den unteren Teil des Schwertkastens, für besonders starke Knie und lokale Verstärkungen muß er sich Planken oder Dielen besorgen, aus denen er sich die Stücke schneidet.

Es würde den Leser zu sehr ermüden, wenn die Bootselemente einzeln aufgeführt und beschrieben würden. Viel lehrreicher für ihn sind die zeichnerischen Darstellungen. Um diese aber verstehen zu können, muß er sich über die im Bootsbau übliche Darstellungsweise unterrichten, die für einen Laien manche nicht ohne weiteres verständliche Eigenheiten aufweist.

Der Leser weiß schon, daß die perspektivische Darstellung eines Gegenstandes denselben leicht erkennbar macht, daß aber die technische Darstellung den Gegenstand möglichst von drei Seiten zeigen muß, um ein klares Bild von ihm zu schaffen. Das ist in erster Linie erforderlich, wenn es sich um die Kenntlichmachung der Form eines Körpers handelt, besonders dann, wenn diese Form nicht alltäglich ist. Bei der Darstellung der Bootselemente sei aber gleich vorausgeschickt, daß der Querschnitt durch den Gegenstand, also der Schnitt quer zur Längsrichtung, allein oft den Gegenstand schon eindeutig bestimmt und die Ansichtzeichnung von oben oder von vorn meist nur die Anordnung der einzelnen Teile im Gesamtlängs- oder Querverband zeigt.

Handelt es sich also z. B. um einfache in Abb. 74a angegebene Querschnitte, so sieht der Leser an diesen Querschnitten allein schon, daß es sich im ersten Falle um ein Brett, im zweiten Fall um eine Scheuerleiste, im dritten Fall um einen Spantquerschnitt, eine Nahtleiste oder dergleichen handelt. Die perspektivische Darstellung nach Abb. 74b würde ihm ohne weiteres darüber Klarheit verschaffen. Die Ansichtszeichnungen allein, etwa Grundriß und Aufriß, würden aber nicht erkennen lassen, welchen Querschnitt der Gegenstand hat, da die verschiedensten Querschnitte möglich sind.

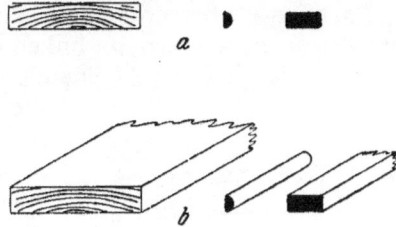

Abb. 74. Querschnitte.

Auch der in Abb. 75a angegebene Gegenstand würde aus Abb. 75b ohne die angegebenen Querschnitte oder Ansichten von der Seite nicht erkennbar sein. Hieraus geht hervor, daß bei Gegenständen, welche an allen Stellen ihrer Längsrichtung denselben Querschnitt haben, die Querschnittszeichnung die wesentliche Darstellungsart für den Körper ist. Deswegen wird auch, um zunächst nur ein Beispiel vorweg zu nehmen, die Scheuerleiste, sowohl außen am Schandeck als auch als Begrenzung des Kockpits usw., nur da gezeichnet, wo sie im Querschnitt erscheint. Siehe Tafel VII—XII.

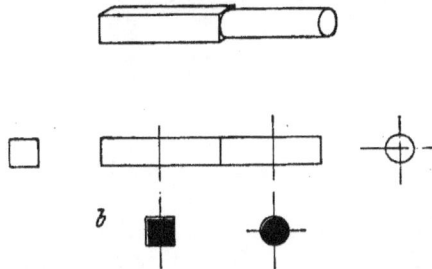

Abb. 75. Querschnitte.

Aus Abb. 75b erkennt der Leser, daß alle Schnitte schwarz angelegt werden, um sie als Schnitt durch den Körper deutlich zu kennzeichnen. Und zwar handelt es sich, von einigen wenigen später zu nennenden Ausnahmen abgesehen, dabei immer um Schnitte quer zur Längsrichtung, es sei denn, daß der Körper auch eine erhebliche Querausdehnung besitzt, wie z. B. bei Deck und Außenhaut eines Bootes, durch welche jeder Quer- und Längsschnitt schwarz angelegt wird. Nur wenn dieser Querschnitt so groß ist, daß er wie ein großer Klecks wirken würde oder die

Aufmerksamkeit des Beschauers mehr als erforderlich auf sich ziehen würde, wird er gestrichelt. Bei Holz ahmt man dabei ungefähr die Faserung des Holzes nach, Abb. 74 und Tafeln VII—XII. Bei Metallen verwendet man für die verschiedenen Arten auch verschiedene Schraffuren, was uns hier aber nicht besonders interessiert.

Es sei noch bemerkt, daß man die Schnittflächen nicht voll schwarz anlegt, sondern am linken und oberen Rande einen Lichtrand läßt, damit beim Aneinanderreihen mehrerer Schnittflächen die einzelnen Teile erkennbar bleiben. Nach Abb. 76a zeichnet man die Schnitte in ihrer richtigen Stärke, legt dann aber dieselben nicht nach Abb. 76b, sondern nach Abb. 76c schwarz an.

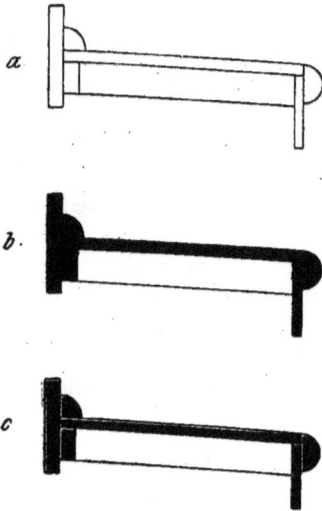

Hat der Gegenstand keinen gleichmäßigen Querschnitt, so müssen natürlich die Ansichtszeichnungen Auskunft geben. Aus

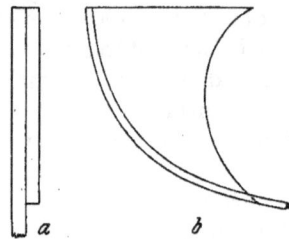

Abb. 76. Verwendung des Lichtrandes bei Querschnittzeichnungen. b falsch, c richtig.

Abb. 77. Ansicht von Knie mit Spant.

Abb. 77a ist nicht zu erkennen, daß es sich um ein Holzknie mit Spant handelt. Die Ansichtszeichnung nach Abb. 77b gibt aber darüber Auskunft.

Und so ist die Bauzeichnung eines Bootes nichts anderes als eine Darstellung der Bootselemente in Ansichten und Schnitten derart, daß aus den Ansichten in erster Linie die Anordnung der Bauteile zueinander und ihre Formgebung hervorgeht, aus den Schnitten aber vorwiegend ihre genauen Abmessungen und Querschnitte. Natürlich können auch für einzelne Bootselemente Schnitt und Ansicht zugleich in Frage kommen. Der Decksbalken, der z. B. von der Mittschiffsebene geschnitten und nach der Decksseite zu infolge der Decksbucht abfällt, zeigt von der Mitte aus gesehen nicht nur eine Schnittfläche, sondern auch die

Ansicht der unteren Seite des Balkens. In der Gesamtordnung mit Deck und Außenhaut Abb. 78 ergeben sich dann der Decksbalken und Balkweger einmal in der Ansicht und einmal im Schnitt, Spanten und Knie nur in der Ansicht, Deck und Außenhaut nur im Schnitt.

Der Aufriß einer Bauzeichnung stellt den Schnitt der Mittschiffsebene mit dem Bootskörper dar. Direkt geschnitten werden also von dieser Ebene Deck und Decksbalken vor und hinter dem Kockpit, Spiegel, Kiel, Vorsteven, Schwertkasten, Bodenwrangen, Bodenbretter und Schott. Am besten zu erkennen ist dies an den perspektivischen Darstellungen der Tafeln VII—XII. Außerdem sind natürlich auch gedachte Schnitte, wie diejenigen durch Deck,

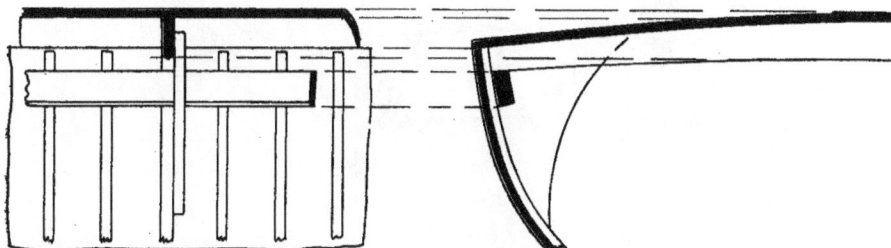

Abb. 78. Schnitte und Ansichten von Deck, Außenhaute, Decksbalken, Balkweger, Knie und Spanten.

Außenhaut und Schwertkasten, in den oben genannten Tafeln schwarz anzulegen.

Das Verständnis des Längsrisses einer Bauzeichnung ist überhaupt am besten an Hand der in den Tafeln VII—XII enthaltenen perspektivischen Darstellungen zu wecken, weil diese Darstellung über jeden Strich des Längsrisses, über dessen Bedeutung der Leser sich nicht klar sein könnte, am besten und ohne viel Worte Auskunft gibt. Es erübrigt sich daher jedes weitere Eingehen auf den Längsriß.

Der Grundriß ist insofern etwas schwieriger zu verstehen, als die eine Hälfte eine Ansicht auf das Deck, die andere Hälfte einen Schnitt oberhalb der Bodenbretter darstellt. Dabei ist bei der Ansicht auf das Deck zu berücksichtigen, daß das Deck selbst fortgelassen ist, da dasselbe ja sonst alle darunter liegenden Bauteile, wie Decksbalken, Balkweger usw., verdecken würde. Aber die Darstellung dieser Bauteile ist trotzdem nicht so, wie es die einfache Ansicht von oben zeigen würde, wenn nur das Deck fortgelassen wäre. Es handelt sich hier vielmehr um einen Schnitt unterhalb der Decksfläche, Abb. 79a, der also die Reling und die

Scheuerleiste direkt schneidet, sonst aber mit Decksbalken, Spant und Außenhaut genau abschneidet. Die Abb. 79b ist auf Grund der perspektivischen Ansicht nach Abb. 79a ohne weiteres verständlich. Der Schnitt a b würde eigentlich so anzufertigen sein, daß Reling und Scheuerleiste geschnitten werden, alles andere in

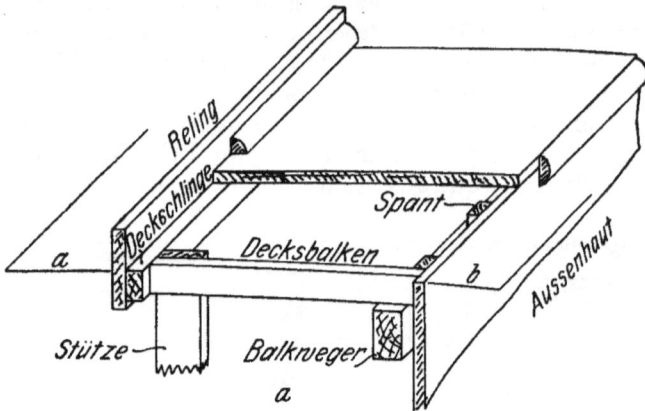

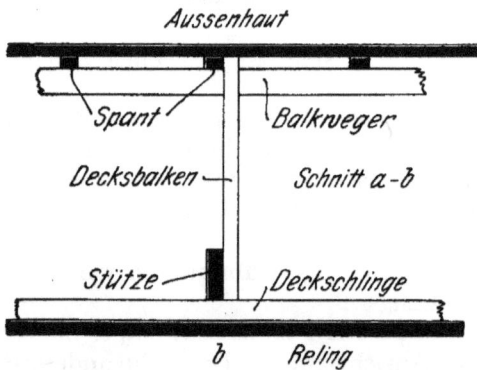

Abb. 79. Darstellung des Decks im Grundriß.

Ansicht erscheint. Diese Zeichnungsart würde aber die Hauptverbandsteile zu wenig hervorheben, dagegen Bauteile von untergeordneter Bedeutung, wie es z. B. die Scheuerleiste ist, zu sehr in den Vordergrund rücken. Der Schnitt a b wird daher nach Abb. 79b ausgeführt, d. h. es werden im Interesse größerer Klarheit nicht nur die wirklich geschnittenen Bauteile schwarz angelegt, sondern auch diejenigen Bauteile, die mit ihrem Querschnitt senkrecht auf der Zeichnungsebene stehen, so als wenn sie noch durch diese Ebene geschnitten würden. Daher legt man z. B. Außenhaut, Spantquerschnitte und etwaige Deckstützen schwarz an, auch etwaige Querschotte und den Spiegel (Tafel VII—XII), trotzdem sie eigentlich nicht geschnitten werden. Andererseits werden Bauteile von untergeordneter Bedeutung ganz weggelassen, wie z. B. die Scheuerleiste, die, wie schon gesagt, nur im Querschnitt gezeigt wird. Ein Blick auf Abb. 79b zeigt also deutlich die quer auf der Zeichnungsebene stehenden Bauteile, in die man sozusagen von ihrem Querende aus hineinsieht, während Decksbalken und Deckschlinge (neben der Reling), die nur mit ihren oberen Langseiten bis an die Zeichnungsebene heranreichen, natürlich nicht angelegt werden. Würde man sie anlegen, so würde man dadurch den Eindruck erwecken, als handele es sich um Holzschotten, die vom Deck bis zum Boden reichen; also immer wieder um Bauteile, die mit ihrer Längsrichtung quer zur Schnittebene stehen.

Von diesem Gesichtspunkt aus ist auch die Kajüttür in Tafel XI, die ja auch nicht von der Mittellängsebene geschnitten ist, sondern nur bis an sie heranreicht, da sie zweiteilig ist, schwarz angelegt. Die sonstigen in Tafel XI schwarz angelegten Bauteile, wie Kajüt- und Schrankwände, Luksülle usw., werden auch direkt geschnitten. Aber auch derjenige Teil der Reling, der über dem Deck verläuft, vom Aufbau zum Luksüll, der also eigentlich nicht geschnitten ist, bleibt voll angelegt, da sonst der Eindruck erweckt werden könnte, als wenn in der Reling, die zugleich Kajütseitenwand ist, eine Unterbrechung vorhanden wäre. Diese Darstellungsart hat sich überall eingebürgert, da sie die klarste und verständlichste ist. Auch von dem Kajütaufbau ist die Kajütdecke fortzudenken.

Der untere Teil des Grundrisses einer Bauzeichnung ist nun ohne weiteres verständlich. Der Schnitt ist gedacht oberhalb der Bodenwrangen, so daß Spanten und Außenhaut, aber auch der Schwertkasten mit den seitlichen Stützen und Kielschwein geschnitten werden, während die Bodenwrangen, der Kiel und untere Teil der Spanten in Ansicht zu zeichnen sind. Dieser Teil des Grundrisses gibt hauptsächlich nur die Anordnung und Abstände der Bodenwrangen und Spanten sowie die Abmessungen und Lage des Schwertkastens. Die quer über den Kiel reichenden Bodenwrangen sind ohne weiteres von den bis an den Kiel reichenden Spanten zu unterscheiden. Das Kielschwein ist nur bis zur Mittellinie schwarz angelegt, da die andere Hälfte ja nicht mehr als Schnitt sondern als Ansicht gezeichnet ist. Aus demselben Grunde ist in der oberen Hälfte des Grundrisses auch die halbe Ansicht des Schwertkastens gezeichnet.

Legt man an bestimmten Stellen Querschnitte durch den Schiffskörper, so zeigen dieselben die Spantform, die Decksbalkenbucht, Knie und Bodenwrangen in ihrer richtigen Form, alle Längsverbände in ihren richtigen Querschnitten, Abmessungen und Lage zueinander.

Es sei noch bemerkt, daß Bauteile, welche zum Teil hinter anderen Bauteilen liegen oder durch sie hindurchgehen, an diesen Stellen strichliert werden. Die perspektivischen Darstellungen geben auch hierüber ein klares Bild, und da dieselben den Leser, wie schon gesagt, besser als alle Worte über die Bedeutung jedes Striches in den Längs- und Querschnitten aufklären, wird dem Leser empfohlen, sich die Darstellungen auf den Tafeln VII—XII aufmerksam durchzusehen.

Die Festigkeitsverhältnisse der Segeljolle.

Es kann nicht der Zweck dieses Kapitels sein, den Leser in die Geheimnisse der Festigkeitsmechanik einzuführen, um ihn instand zu setzen, die Festigkeit jedes einzelnen Bauteils der Segeljolle zu bestimmen und danach zu bauen. Denn mit der Schiffsfestigkeit ist es eine eigene Sache insofern, als man es hier nicht mit einzelnen für sich allein zu betrachtenden Bauteilen zu tun hat, sondern mit einem ganzen System von Bauteilen, die fest miteinander verbunden sind und sich gegenseitig stützen und beeinflussen. Kann man im Hochbau, Brückenbau, Maschinenbau usw. ziemlich genau die Beanspruchungen ausrechnen, die auf die einzelnen Bauteile entfallen, so ist dies im Schiff- und Bootsbau nicht ohne weiteres möglich. Denn hier hat man es nicht mit sogenannten ruhenden Lasten zu tun, deren Größen genau bekannt sind, sondern mit fortwährend sich verändernden Kräften, deren Größen nur ungefähr ermittelt werden können. Und wird ein Bauteil durch eine solche Kraft beansprucht, unter deren Wirkung er beginnt, eine Durchbiegung oder sonstige Formänderung anzunehmen, so kommt sofort das ganze benachbarte System der Längs- und Querverbände mit zum Tragen, so daß die wirklichen Beanspruchungen der einzelnen Bauteile sehr schwer zu erfassen sind.

Kann es sich also nicht darum handeln festzustellen, mit welcher Kraft jeder einzelne Bauteil beansprucht wird, so ist es doch äußerst wichtig zu erfahren, welche Form und Abmessungen er erhalten muß, um mit einem geringsten Aufwand von Material die zu erwartenden Beanspruchungen aufnehmen zu können. Und was von dem einzelnen Bauteil gilt, das gilt auch von dem ganzen Boot. Es kommt darauf an, zu erfahren, in welcher Weise die einzelnen Bauteile im Rahmenverband des Ganzen angeordnet sein müssen, um mit dem geringsten Materialaufwand dem Boot, das jetzt als ein einziger Bauteil gilt, die größtmöglichste Widerstandsfähigkeit gegen die auftretenden Beanspruchungen zu geben.

Jeder falsch angeordnete Bauteil stellt nicht nur eine Materialverschwendung dar, sondern er setzt auch die Lebensdauer des Bootes herab, da nun andere Bauteile, die vielleicht gar nicht dazu geeignet sind, die Beanspruchungen aufnehmen müssen, die der betreffende Bauteil aufnehmen sollte. Denn die auftretenden Kräfte, die vom Material aufgenommen werden müssen, tun uns nicht den Gefallen, dort zu erscheinen, wo wir unser Material angeordnet haben, sondern sie entstehen an ganz bestimmten Stellen, die wir kennen müssen, um sie in günstigster Weise aufnehmen zu können.

Das ist der ganze Inhalt der Festigkeitsmechanik, vorhandene oder entstehende Kräfte in ihrer Größe, Art und Richtung zu erkennen, die Wirkungen festzustellen, die sie verursachen, und die Gesetze zu schaffen, diese Wirkungen zweckentsprechend aufzunehmen.

Wir wollen dies einmal gleich an einem einfachen Beispiel untersuchen.

Es sei eine nicht zu lange, schon etwas morsche Planke vorhanden, die zum Stegbau dienen soll, aber vorher auf genügende Festigkeit untersucht werden soll. Jedermann wird diesen Versuch so anstellen, daß er die Planke an ihren beiden Enden in irgendeiner Weise unterstützt und sich dann in der Mitte zwischen den beiden Auflagern auf die Planke stellt, um sie, wenn möglich, durch sein Körpergewicht zu zerbrechen. Er weiß ganz genau, daß er die Planke am meisten beansprucht, wenn er sich in die Mitte stellt, und daß sie hier zuerst zerbricht. Er weiß auch, daß sie viel eher zerbricht, wenn er sie flach hinlegt, als wenn er sie hochkant hinlegt. Kann er die Planke nicht zerbrechen, so wird er vielleicht noch einen zweiten Versuch machen, indem er die Planke nur einmal in der Mitte unterstützt und nun auf jedes Ende einen Mann stellt. Er fühlt instinktiv, daß er jetzt eine größere Wirkung hat als im ersten Fall.

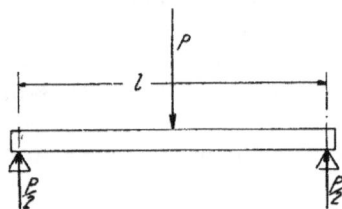

Abb. 80. Balken auf zwei Stützen mit Einzellast in der Mitte.

Es handelt sich hier um das bekannte Beispiel eines Balkens auf zwei Stützen, der in der Mitte durch eine Einzellast beansprucht wird (Abb. 80). Das Gewicht des Balkens soll dabei unberücksichtigt bleiben. Richtung und Größe der beanspruchenden Kraft ist also bekannt. Sie heißt P. Auch die Art der Kraft ist bekannt. Es handelt sich um ein ruhendes Gewicht. Es kommt nun weiter darauf an, die Wirkung dieser Kraft auf den Balken festzustellen.

Da sich die Kraft P genau in der Mitte zwischen den Auflagern befindet, und diese Auflager den Druck dieser Kraft P

130

aufnehmen müssen, da der Balken mit der Last P ja nicht frei in der Luft schweben kann, so drückt auf jedes Lager eine Last von P/2, und zwar von oben nach unten. Auf den Balken, der den Druck P auf die Lager überträgt, drückt daher an der Auflagestelle ein Gegendruck von P/2 von unten nach oben. Und da uns der Balken interessiert und nicht die Stützlager, so zeichnen wir an diesen Stellen den Gegendruck gegen den Balken in der Größe P/2 ein.

Es ist ganz gleichgültig, ob der Druck P in der Mitte von oben nach unten wirkt und die Gegendrücke von unten nach oben, oder ob die Drücke umgekehrt wirken, wir brauchen die Zeichnung ja nur auf den Kopf zu stellen, immer sind die Gegendrücke bei einer Einzellast in der Mitte halb so groß wie die Einzellast.

Bei unserem Beispiel der Stegplanke waren die Auflagerdrücke also im ersten Falle je gleich dem halben Gewicht des Mannes in der Mitte. Im zweiten Falle sind die beiden an den Enden stehenden Männer auch als die Auflagerdrücke zu betrachten, die aber entgegengesetzt gerichtet sind. Die Kraft in der Mitte ist ebenfalls als eine in entgegengesetzter Richtung von unten nach oben wirkende Einzelkraft zu betrachten. Und da in diesem zweiten Falle die Auflagerdrücke je das Gewicht eines Mannes haben, so ist die Kraft in der Mitte = 2 P. Bei dem zweiten Versuch wird die Planke also zweimal so stark beansprucht als im ersten Falle.

Damit ist uns aber noch nicht viel geholfen, denn wir haben bis jetzt nur die Größe der auftretenden Kräfte festgestellt. Wir wissen aber, daß die Kraft P nicht nur zwei Auflagerdrücke verursacht, sondern daß der Balken sich auch unter dem Einfluß dieser Last durchbiegt.

Haben wir schon den Begriff des Kraftmomentes und des Drehmomentes kennen gelernt, so lernen wir jetzt noch den Begriff des Biegemomentes kennen, was für uns sehr wichtig ist. Im Grunde genommen ist es auch nur wieder ein Kraftmoment, wie wir gleich sehen werden. Denn will man die Größe des Biegemomentes an irgendeiner Stelle des betrachteten Balkens feststellen, so denkt man sich den Balken an dieser Stelle weggeschnitten und sieht nun, was an Kraftmomenten übriggeblieben ist. Wir wollen gleich einmal die Größe des Biegemomentes für die Mitte des Balkens, da, wo die Kraft P wirkt, bestimmen.

Abb. 81.
Bestimmung des
Biegemomentes für
die Mitte des Balkens.

Nach Abb. 81 sehen wir, daß auf diesen Querschnitt die Kraft P/2 in einer Entfernung gleich der halben Länge des Balkens,

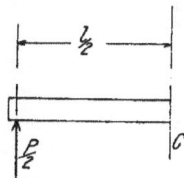

9*

131

also 1/2, als Kraftmoment wirkt. Da die Wirkung dieses Kraft-momentes eine Biegung des Balkens verursacht, so nennt man dieses Kraftmoment das Biegemoment für den Querschnitt C des Balkens. Und da das Kraftmoment, wie wir gesehen haben, gleich dem Produkt aus Kraft mal Hebelarm ist, so ist die Größe dieses Biegemomentes

$$M = \frac{P}{2} \cdot \frac{1}{2} = \frac{P \cdot 1}{4} \tag{20}$$

Da wir zur Bestimmung dieses Biegemomentes nicht die Kraft P benutzt haben, sondern den Auflagerdruck P/2, so sehen wir, wie wichtig es war, diesen Auflagerdruck erst einmal zu be-stimmen. Es geht auch hieraus hervor, daß es nicht auf die Kraft P allein ankommt, um ein Biegemoment zu erzeugen, sondern daß es darauf ankommt, wie der Balken gelagert ist. Wäre er z. B. nicht an den Enden unterstützt, sondern läge er etwa gleichmäßig in seiner ganzen Länge auf, so würde er keine Biegung, sondern nur einen Druck erleiden.

Betrachtet man nun irgendeinen anderen zwischen A und C gelegenen Querschnitt, so sieht man, daß für diesen Querschnitt die Kraft P/2 als Momentenkraft bestehen bleibt, daß aber der Abstand kleiner wird. Deshalb muß auch das Produkt aus Kraft mal Abstand kleiner werden als für den Querschnitt in der Mitte. Und da für die andere Hälfte des Balkens dasselbe gilt, so ist fest-gestellt, daß das Biegemoment in der Mitte des Balkens am größten ist. Dieser Querschnitt heißt daher der gefährliche Querschnitt, weil der Balken nur hier unter der Last P zerbrechen kann. Da das Biegemoment nach den Enden zu abnimmt, so könnte auch der Querschnitt des Balkens nach den Enden zu kleiner werden, ohne daß der Balken geschwächt würde.

Nun werden die Leser die Bestimmung der meisten Bau-vorschriften verstehen, die für Decksbalken, die ja auch als Balken auf zwei Stützen anzusehen sind, da sie mit ihren Enden auf dem Balkweger aufliegen und von oben her belastet werden, für die Mitte stärkere Abmessungen angeben als für die Enden an der Bordwand. Ein gleichmäßig starker Balken wäre Materialver-schwendung, da er an den Enden wenig beansprucht wird. An-dererseits ist der Querschnitt gerade in der Mitte von besonderer Wichtigkeit, und es ist durchaus unzulässig und gefährlich, wenn Bootsbauer eine etwaige Nahtleiste, welche unter einer Decksnaht in der Mitte des Schiffes zur Abdichtung angebracht wird, nicht an den Decksbalken abschneiden, sondern durchlaufen lassen und die Decksbalken an dieser Stelle aussägen. Sie müssen die Balken dann schon entsprechend stärker machen.

Wir hätten nun also auch die Wirkung der Kraft P in bezug auf jeden Querschnitt des Balkens festgestellt und wissen, daß diese Wirkung zunächst unabhängig ist von der Gestaltung des Balkens und daß sie ausschließlich abhängt von der Größe der Kraft P und dem Abstand der Auflager. Und wenn wir nun auch wissen, daß diese Wirkung nach den Enden zu abnimmt und in der Mitte am größten ist, und daß auch der Querschnitt des Balkens nach den Enden schwächer werden kann, so wissen wir nun doch noch immer nicht, welche günstigste Gestaltung wir diesem Querschnitt geben, um mit möglichst wenig Material auszukommen, da wir die Gesetze noch nicht kennen, nach denen das Material derartige Kraftwirkungen aufzunehmen pflegt.

Unser Beispiel der Stegplanke zeigt schon, daß es nicht gleichgültig ist, welchen Querschnitt der Balken hat, und daß der hochkant gelegte Balken denselben Kraftwirkungen einen viel größeren Widerstand entgegensetzt als der flach liegende. Desgleichen wissen wir, daß eine gesunde Planke einen viel größeren Widerstand zu leisten vermag als eine morsche und ein Eisenstab widerstandsfähiger ist als ein Holzstab. Daraus geht hervor, daß dieser Widerstand zunächst von der Form des Querschnittes abhängt und sodann von der Art des Materials. Bei Eisen und anderen Metallen wird der Balken infolge der Gleichartigkeit des Materials immer wieder dieselben Erscheinungen zeigen. Bei Holz kommt es aber noch außerdem auf die Art des Holzes und auf den Zustand an, in dem sich dasselbe befindet.

Wir haben schon gesehen, daß jede an einem Körper wirkende Kraft, sofern derselbe nicht in Bewegung gesetzt werden soll, eine gleichgroße und entgegengesetzt gerichtete Kraft finden muß. Ebenso ruft jedes Biegemoment in dem Körper, an dem es wirkt, Gegenkräfte wach, welche diesem Biegemoment solange das Gleichgewicht halten, solange das Material hierzu imstande ist. Übersteigen diese im Körper wachgerufenen Kräfte die Fähigkeit des Materials, diese Kräfte zu ertragen, so wird das Material zerstört. Um diese Kräfte kennen zu lernen, wollen wir zunächst die Gegenkräfte der einfachen Zug- und Druckkräfte ansehen.

Betrachtet man z. B. eine Zugstange mit einem Querschnitt von 10 qcm, an welcher eine Zugkraft von 100 kg wirkt, so verteilt sich diese Zugkraft gleichmäßig über den ganzen Querschnitt derart, daß auf jeden qcm dieser Querschnittsfläche eine Zugkraft von 10 kg wirkt.

Die Einzelkraft P ist also nun ersetzt durch 10 gleichmäßig über den Querschnitt verteilte Kräfte P/10, durch welche das Material in einen Spannungszustand versetzt wird, da diese Kräfte versuchen, die Kohäsion, mit welcher die kleinsten Teile dieses

Körpers aneinanderhaften, zu überwinden und voneinander zu trennen. Der Körper ist also gezwungen, der Trennung dieser Teile ebenso große Kräfte entgegenzusetzen, wodurch der Spannungszustand gekennzeichnet ist. Um ein Maß für diesen Spannungszustand zu haben, wird die auf den qcm des Querschnittes eines Körpers bezogene Kraft als Spannung bezeichnet. Vielfach wird auch der qmm als Einheit genommen, so daß die Spannung dann nur $^1/_{100}$ der eben besprochenen ist. Genaue Messungen haben nun diejenigen Kräfte festgestellt, welche ein Stab von bestimmtem Material noch gerade aufnehmen kann, ohne zu zerreißen. Diese Kraft nennt man die Bruchfestigkeit des Materials. Ist dieselbe z. B. mit 4000 kg angegeben, so heißt das, daß der Stab dann zerreißt, wenn die auf ihn wirkende Zugkraft so groß ist, daß auf jedem qcm seiner Querschnittsfläche 4000 kg entfallen. Ist in irgendwelchen Tabellen die Zahl mit 40 statt 4000 angegeben, so ist damit gesagt, daß 40 kg auf den qmm entfallen. Bis zu dieser Grenze darf man das Material aber nicht beanspruchen, da man eine gewisse Sicherheit behalten muß mit Rücksicht darauf, daß das Material bereits vor dem Zerreißen anfängt eine Formänderung anzunehmen, zu ,,fließen'', wie man sagt. Man rechnet daher im allgemeinen mit einer sogenannten vierfachen Sicherheit, d. h., es dürfen in unserm Falle nur 1000 kg auf den qcm entfallen. Diese Größe nennt man: die zulässige Spannung.

Was hier für die Zugkraft ausgesprochen, gilt sinngemäß auch für die Druckkraft, nur mit dem Unterschied, daß die zulässige Druckspannung nicht immer genau so groß ist wie die zulässige Zugspannung. So ist z. B. Gußeisen infolge der geringen Kohäsion seiner aneinander haftenden kleinsten Teile nicht geeignet, große Zugkräfte aufzunehmen. Seine zulässige Zugspannung ist nur $^1/_3$ so groß wie die zulässige Druckspannung, während andererseits Holz im allgemeinen eine doppelt so hohe zulässige Zugspannung besitzt als Druckspannung.

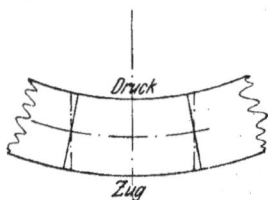

Abb. 82. Beim gebogenen Balken entsteht innen Druck, außen Zug.

Das auf einen Stabquerschnitt wirkende Biegemoment ruft nun ebenfalls derartige Spannungen im Querschnitt hervor, nur mit dem Unterschied, daß es nicht Druck- oder Zugspannungen sind, sondern daß beide Spannungen sich ungleichmäßig über den ganzen Querschnitt verteilen. Betrachten wir z. B. Abb. 82, so sehen wir, daß infolge der Durchbiegung des Balkens zwei benachbarte Querschnitte nicht mehr parallel zueinander stehen, sondern schräg. Die oberen Fasern sind also zusammengedrückt, die unteren Fasern haben sich verlängert. Es muß also oben Druck und unten Zug herrschen. In der Mitte hat sich die Länge der Faser nicht verändert. In dieser Faser herrscht also weder Druck noch Zug, und man nennt sie deshalb neutrale Faser. Der Spannungsverlauf im Querschnitt des Balkens ist also wie Abb. 82 zeigt, d. h. die Druck- und Zugspannungen nehmen mit dem Abstand von der neutralen Faser gleichmäßig zu, so daß die Spannungen in der äußersten Faser am stärksten sind. Ist das Material also besonders fest gegen Druck und weniger fest gegen Zug, so wird die Zerstörung desselben in der Weise vor sich gehen, daß es an der Stelle, wo die Zugspannung am größten ist, also am untersten Punkt der Abb. 82, anfängt einzureißen.

Bei unserer Stegplanke geht die Zerstörung in der Weise vor sich, daß zunächst das Material an der Druckseite zusammengedrückt wird, bis es seine Festigkeit verloren hat, so daß das ganze Biegemoment nun auf die Zugseite wirkt und schließlich ein Zerreißen herbeiführt. Wir können diesen Vorgang genau an einem dünnen Stabe, den wir mit den Händen über einer scharfen Kante zerbrechen können, beobachten, wenn wir den Stab lackieren oder polieren. Biegt man einen solchen Stab in der eben angegebenen Weise, so sieht man nach einer gewissen Biegung von der gedrückten Kante her ein Abspringen des Lacks, das sich schließlich bis in die Mitte des Stabes fortsetzt, am gedrückten Ende aber am stärksten auftritt. Das beweist also, daß die Fasern sich erheblich ineinander schieben und schließlich nach der Seite ausweichen. Erst wenn sie ihre Druckfestigkeit verloren haben, tritt ein Zerreißen des Stabes ein.

Betrachten wir Abb. 82 noch einmal, so sehen wir, daß diese Spannungen in den äußersten Fasern um so größer sein müssen, je stärker der Balken unter der Einwirkung eines Biegemomentes sich durchbiegt. Denn je stärker diese Durchbiegung ist, um so größer wird die Neigung zweier ursprünglich paralleler Querschnittsflächen zueinander sein, die als Maß für die entstehenden Spannungen angesehen werden kann. Unsere Stegplanke zeigt uns dasselbe Bild. Liegt die Planke flach, so biegt sie sich sehr stark durch, infolgedessen sind die entstehenden Druck- und Zugspannungen in der äußersten Faser groß. Liegt sie hochkant, so biegt sie sich wenig durch. Die Spannungen sind daher so gering, daß an ein Zerbrechen der Planke in dieser Lage gar nicht zu denken ist. Man sieht also, daß der Widerstand eines Körpers gegenüber einem Biegemoment nicht nur von der Festigkeit seines Materials, der zulässigen Biegespannung, abhängt, sondern auch von der Form seines Querschnittes gegenüber der Richtung des Biegemomentes. Ein und derselbe Querschnitt kann also ein ganz verschiedenes Widerstandsmoment, wie man das nennt, haben, je nachdem, wie er zur Richtung des Biegemomentes liegt. Die äußere Kraft, das Biegemoment M, muß nun also gleich den inneren Kräften, also gleich dem Widerstandsmoment W multipliziert mit der zulässigen Biegespannung k_b sein. Es ist also

$$M = W \cdot k_b \qquad (21)$$

oder was für uns wichtiger ist: Die in einem Bauteil unter der Einwirkung irgendeines Biegemomentes erzeugte Biegespannung ist um so kleiner, je größer das Widerstandsmoment des Querschnitts ist. Und da es unser Bestreben ist, diese Biegespannungen so klein wie möglich zu machen, so muß jetzt unser Augenmerk darauf gerichtet sein, die Widerstandsmomente der einzelnen Querschnitte so groß wie möglich zu machen.

Glücklicherweise haben wir es im Bootsbau fast nur mit rechteckigen Querschnitten zu tun, so daß wir zunächst nur das Widerstandsmoment eines rechteckigen Querschnittes kennen zu lernen brauchen. Wir wollen dasselbe hier nicht ableiten, sondern uns einfach merken, daß dasselbe die Größe $\dfrac{b \cdot h^2}{6}$ hat. Unter b ist dabei gemäß Abb. 83 a/b immer die wagerechte Breite, unter h immer die senkrechte Höhe

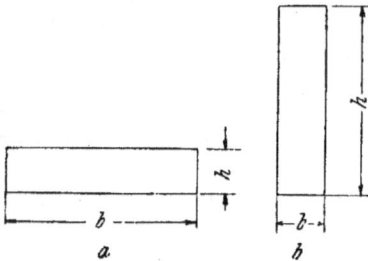

Abb. 83. Querschnitte gleicher Form aber verschiedener Widerstandsmomente.

verstanden unter der Annahme, daß die das Biegemoment verursachende Kraft P immer senkrecht wirkt. Bei dieser Gelegenheit wollen wir gleich einmal das Widerstandmoment unserer Stegplanke ausrechnen, die eine Breite von 20 cm und eine Dicke von 3 cm haben möge. Bei dem ersten Versuch, bei welchem die Planke nach Abb. 83a flach lag, ist das Widerstandsmoment

$$\frac{20 \text{ cm} \cdot (3 \text{ cm})^2}{6} = 30 \text{ cm}^3.$$

Im zweiten Falle, wo sie hochkant stand nach Abb. 83b, ist das Widerstandsmoment

$$\frac{3 \cdot 20^2}{6} = 200 \text{ cm}^3.$$

Es ist also fast siebenmal so groß als im ersten Fall, dementsprechend sind bei derselben Größe des Biegemomentes die Spannungen in der äußersten Faser nur $^1/_7$ der Spannungen im ersten Fall. Der Spannungsverlauf über den Querschnitt in beiden Fällen ist in Abb. 84 a/b aufgetragen. Man sieht deutlich den enormen Einfluß der Höhe h des Querschnittes, die in der Formel im Quadrat vorkommt. Das dünne, hohe Profil ist also zur Aufnahme von senkrecht wirkenden Biegemomenten viel besser geeignet als das breite flache Profil von gleichen Abmessungen.

Damit wissen wir also nicht nur, daß der gefährliche Querschnitt der Stegplanke und des Deckbalkens in der Mitte liegt, sondern auch, daß das Profil dieser beiden Bauteile hochkant gestellt werden muß, um einen möglichst großen Widerstand leisten zu können. Wir wissen aber noch nicht, wie groß die Ab-

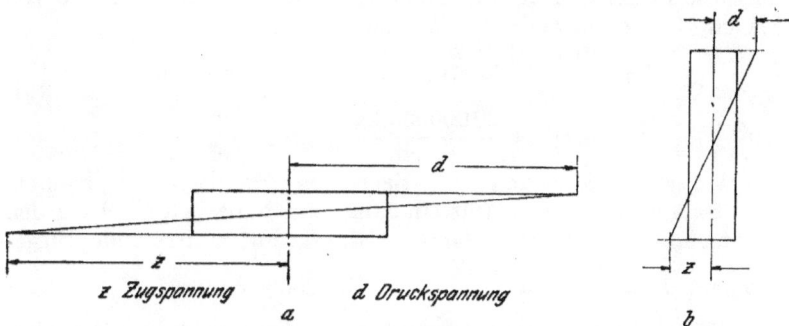

Abb. 84. Wirkung verschiedener Widerstandsmomente auf die Größe der Zug-. und Druckspannungen in den äußersten Fasern.

messungen dieser Profile sein müssen, besonders des Decksbalkens, um eine bestimmte Last aufnehmen zu können. Die Beispiele seien deshalb der Vollständigkeit halber zu Ende gerechnet.

Nehmen wir an, daß mitten auf der Planke ein Mann von 100 kg Gewicht steht. Ich nehme das Gewicht deshalb so groß an, weil er versuchen wird, etwas unsanft auf das Gewicht der Planke einzuwirken. Die Länge der Planke betrage 8 m = 800 cm, dann ist das Biegemoment in der Mitte

$$M = \frac{P \cdot l}{4} = \frac{100\,\text{kg} \cdot 800\,\text{cm}}{4} = 20\,000\,\text{cmkg (Centimeterkilogramm)},$$

Da $M = W \cdot k_b$ ist, und $W = 30$ cm³, so ist das gesuchte

$$k_b = \frac{M}{W} = \frac{20\,000\ \text{cmkg}}{30\ \text{cm}^3} = 666\ \frac{\text{kg}}{\text{cm}^2}$$

das heißt also: In der Mitte der Planke wirkt in der äußersten

Faser eine Biegespannung von 666 kg pro cm² (cm durch cm³ gibt $\frac{1}{cm^2}$). Hier ist m durch cm ersetzt, um die Beanspruchung pro cm² zu erhalten.

Diese Beanspruchung stellt die äußerste Grenze der Bruchfestigkeit bei Eiche und Rotbuche dar, während bei Kiefer und Fichte die Bruchfestigkeit niedriger ist, so daß mit einem Bruch zu rechnen ist. Die zulässige Beanspruchung liegt etwa bei $\frac{200\ kg}{cm^2}$. Um mit geringstem Materialaufwand eine Planke zu bekommen, welche diese Biegespannung haben würde, muß also nicht die Breite der Planke, sondern die Dicke vergrößert werden, da diese in der Formel im Quadrat vorkommt. Eine Planke von 5,5 cm Dicke würde ein Widerstandsmoment von

$$W = \frac{20 \cdot 5{,}5^2}{6} = 100 \text{ cm}^3 \text{ haben, mithin wäre}$$

$$k_b = \frac{20\,000 \text{ cmkg}}{100 \text{ cm}^3} = 200 \ \frac{kg}{cm^2}.$$

Unser Decksbalken soll denselben Mann tragen können. Der Balken sei 1 m = 100 cm lang und habe in der Mitte den Querschnitt 6 · 2 cm. Dann ist das größte auftretende Biegemoment

$$M = \frac{P \cdot l}{4} = \frac{100 \cdot 100}{4} = 2500 \text{ cmkg.}$$

Das Widerstandsmoment des Balkenquerschnittes in der Mitte ist:

$$W = \frac{b \cdot h^2}{6} = \frac{2 \cdot 6^2}{6} = 12 \text{ cm}^3.$$

Dann ist die gesuchte Biegespannung

$$k_b = \frac{M}{W} = \frac{2500 \text{ cmkg}}{12 \text{ cm}^3} = \text{ca. } 210 \ \frac{kg}{cm^2}.$$

Der Decksbalken ist also mit dem 2 Zentner schweren Mann bis an die äußerste Grenze der zulässigen Spannung beansprucht. Wer also derartigen Besuch zu erwarten hat, tut gut, den Balken noch 1 cm höher zu machen. Das W ist dann $\frac{2 \cdot 7^2}{6} = 16 \text{ cm}^3$

und $k_b = \frac{2500}{16} = 150 \ \frac{kg}{cm^2}$. Würde er den Balken einen cm dicker machen, so würde er in diesem Falle zu einem ähnlichen Resultat kommen. Er darf aber nicht vergessen, daß er jetzt einen wesentlich höheren Holzverbrauch hat als vorher.

Ein anderes praktisches Beispiel sei folgendes. Der Querschnitt des Kieles eines Bootes sei mit 15 · 4 cm vorgeschrieben. Der Bootsbauer macht ihn aber nur 3,5 cm dick, da er keine dickere Planke hat, nimmt es dafür aber auch mit der Breite nicht so genau, und macht den Kiel 18 cm breit. Der Vermesser nimmt das Boot nicht ab, da der Kiel zu dünn ist. Voller Verzweiflung nimmt der hohe Eigner des Bootes seine Zuflucht zu der berühmten Formel $\dfrac{b \cdot h^2}{6}$ und rechnet sich zunächst das Widerstandsmoment aus, das der ursprünglich vorgeschriebene Kielquerschnitt an seiner breitesten Stelle haben soll. Es ist $\dfrac{15 \cdot 4^2}{6} = 40$ cm³.

Dieses Widerstandsmoment hatte also die Kommission, welche die Bauvorschrift für dieses Boot erlassen hat, für den Kiel vorgesehen. Nun rechnet er sich das Widerstandsmoment seines Kieles aus. Es ist $\dfrac{18 \cdot 3{,}5^2}{6} = 37$ cm³, und er muß nun die traurige Feststellung machen, daß die Verbreiterung um 3 cm die Verringerung der Dicke um ½ cm nicht ausgleicht. Da auch 19 cm noch nicht reichen, hätte der Kiel 20 cm breit gemacht werden müssen, um dasselbe Widerstandsmoment aufzuweisen. Jetzt bleibt dem Eigner nichts übrig, als das Boot dem Bootsbauer zur Verfügung zu stellen oder außerhalb der Klasse zu segeln. Also Bootsbauer seid vorsichtig in der Abänderung vorgeschriebener Abmessungen und ihr Bootseigner besorgt Euch eine tüchtige Bauaufsicht. Sie erspart Euch viel Kummer und Geld.

Aber die Festigkeit einzelner Bauteile interessiert uns nicht so sehr wie die Festigkeit des ganzen Bootskörpers, welcher wieder, wie die einzelnen Bauteile, als Balken betrachtet werden kann, welcher die verschiedensten Belastungen aufzunehmen hat. Analog unserm Beispiel der Stegplanke würde das Boot als Balken auf zwei Stützen zu betrachten sein mit einer Last in der Mitte, wenn es vorn und hinten auf einem Wellenberg aufliegt und in der Mitte durch das Gewicht des Bootes und der Mannschaft belastet ist. Eine ähnliche Belastung würde herauskommen, wenn das Boot in der Mitte auf einem Wellenberge liegt, also an dieser Stelle enormen Auftrieb erleidet und an den nicht unterstützten Enden das Gewicht des Bootes und der auseinandergesetzten Mannschaft als Gewicht wirkt. Wir wollen hier nicht die genauen Belastungszustände, die sich aus der verschiedenen Verteilung von Auftrieb und Bootsgewicht ergeben, feststellen. Es soll uns genügen, zu wissen, daß der Bootskörper als Ganzes ähnlichen Biegemomenten ausgesetzt ist wie die eben besprochenen, und daß wir unser Augenmerk darauf zu richten haben, das Widerstandsmoment des Bootsquerschnittes so groß wie möglich zu machen.

Das ist aber leichter gesagt als getan. Wir wollen daher, um der Sache näher zu kommen, noch einmal zu unserm rechteckigen Querschnitt zurückkehren.

Der Ausdruck $\dfrac{b \cdot h^2}{6}$ für das Widerstandsmoment sagt aus, daß das weit von der neutralen Faser liegende Material von besonderer Bedeutung für die Bildung eines großen Widerstandsmomentes ist, während das in der Nähe der neutralen Faser liegende Material von ganz untergeordneter Bedeutung ist. Da auch die Zug- und Druckspannungen in der Nähe der neutralen Faser ganz gering sind, so wird dieses Material nur wenig beansprucht und trägt zur Festigkeit des Ganzen nur im geringen Maße bei. Es könnte deshalb sogar fehlen, wenn dadurch der Zusammenhalt mit den oberen und unteren Teilen des Trägers nicht unterbrochen wäre, so daß sie nicht mehr als ein Ganzes wirken, sondern als zwei getrennte Teile. Man sieht daher häufig in hohen aus Winkeln und Platten gebauten Trägern, wie sie z. B. zum Brückenbau verwendet werden, in der senkrechten Platte dieser Träger, welche den sogenannten Steg bildet, in der Gegend der neutralen Faser große Erleichterungslöcher zwecks Gewichtsersparnis, welche fast ohne Einfluß auf die Festigkeit des Trägers sind. Desgleichen sind bei einem sogenannten Gitterträger die äußeren sehr starken Gurtungen durch einzelne Stäbe so miteinander verbunden, daß sie sich gegeneinander nicht verschieben können und als Ganzes wirken. Diese Gitterträger unterscheiden sich von einem vollwandigen nur dadurch, daß diese Gurtungen, da sie am weitesten von der neutralen Faser entfernt sind, die äußerst gespannte Faser darstellen und die größten Zug- und Druckspannungen aufnehmen, während die sonst von dem Steg des vollwandigen Trägers aufgenommenen geringeren Zug- und Druckspannungen jetzt von den Verbindungsstangen derart aufgenommen werden, daß ein Teil der Stangen die Zugspannungen, der andere Teil die Druckspannungen aufnimmt. Hier sehen wir, daß der Gitterträger durchlaufendes Material nur an den äußersten Enden seines sehr hohen Querschnittes besitzt und deshalb über ein hohes Widerstandsmoment verfügt. Eines der idealsten Profile, die infolge ihres großen Widerstandsmomentes trotz größter Materialersparnis zur Aufnahme großer Biegungsmomente dienen, ist das bekannte U-Eisen nach Abb. 85.

Abb. 85.
Starke Flanschen durch kräftigen Steg verbunden ergeben einen Träger mit hohem Widerstandsmoment.

Hier verbindet ein verhältnismäßig dünner Steg zwei starke, die Hauptbeanspruchungen aufnehmende Flansche so miteinander, daß sie die gleichen Durchbiegungen erleiden und als Ganzes wirken.

Nachdem wir nun also gesehen haben, daß ein starker Träger besonders an den Enden seines Querschnittes über möglichst viel Material verfügen muß, wollen wir uns einmal den Querschnitt der Segeljolle in aufrechter Lage an der Stelle des Hauptspantes näher ansehen.

Für die Bildung des Widerstandsmomentes können natürlich nur die Bauteile herangezogen werden, welche von vorne bis hinten durchlaufen. Es ist dies der Kiel, die Außenhaut, der Balkweger und das Deck. Um besser erkennen zu können, mit was für einem

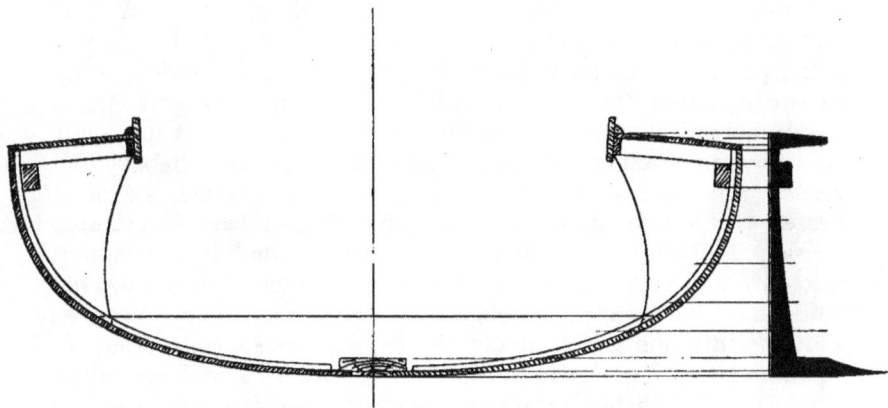

Abb. 86. Jollenquerschnitt mit „gleichwertigem" Träger bei aufrechter Lage.

Träger wir es bei dem Hauptspantquerschnitt einer Jolle eigentlich zu tun haben, zeichnen wir uns den sogenannten „gleichwertigen" Träger dieses Querschnittes, indem wir von einer Senkrechten die Dicken dieser Verbandsteile abtragen, wie sie sich durch horizontale Schnitte durch den Bootskörper ergeben. Abb. 86b stellt einen derartig zusammengeschobenen Querschnitt des Bootskörpers dar, und wir sehen jetzt, welche Bauteile die Hauptspannungen aufzunehmen haben. Es sind dies hauptsächlich der Kiel und der untere Teil des Bodens, der Balkweger, der obere Teil der Außenhaut und das Deck. Der untere Teil des Bodens und das Deck müssen aber mit dem Kiel resp. der Außenhaut besonders solide verbunden werden, wenn diese verschiedenen Verbandsteile als vollwertige Träger gelten sollen. Da also z. B. die Verbindung zwischen Kiel und der Kielplanke der Außenhaut als äußerste gespannte Faser den größten Beanspruchungen ausgesetzt ist, so wird dem Leser jetzt einleuchten, warum gerade an dieser Stelle das Boot anfängt undicht zu werden. Hier kommt noch etwas anderes hinzu, und das ist der lokale Druck des Wassers gegen den Boden, der bekanntlich genau so groß ist wie das Gewicht des Bootes. Nimmt man die Größe der benetzten Außenhaut einer 15 qm-Wanderjolle mit 5 qm an, und ist das Gewicht eines Bootes 500 kg, so drückt also gegen jeden qm der Außenhaut ein Druck von 100 kg. Hiervon nimmt der Kiel, der außerdem sehr stark ist, nur einen kleinen Teil auf, da er dem Wasser nur eine geringe Fläche bietet. Die Außenhaut hat also fast den gesamten Druck aufzunehmen. Berücksichtigt man, daß diese Außenhaut nur durch eine 25—30 mm breite Sponung mit dem Kiel verbunden ist, und daß die die einzelnen Außenhautplanken miteinander verbindenden Spanten auch keine Verbindung mit dem Kiel haben, so würde die Außenhaut unter dem enormen Druck von 2 Zt. pro qm sehr stark nach oben durchgebogen werden, wenn sie nicht durch fest mit dem Kiel verbundene Bodenwrangen daran gehindert würde. Hieraus geht hervor, daß auch diese Bodenwrangen einen starken Druck aufzunehmen haben und kräftig mit dem Kiel verbolzt sein müssen. Werden sie statt dessen nur durch einige verzinkte Nägel gehalten, so arbeiten sie sich allmählich vom Kiel ab. Die Folge ist, daß die Außenhaut mitgeht, und daß die mit dem Kiel verbundene Kielplanke der Außenhaut nach oben durchgebogen wird und in ihrer ganzen Länge reißt, und zwar an der Stelle, wo das äußerste Niet der Spanten sitzt. Die Spanten selbst reißen an dieser Stelle ebenfalls ein. Etwas Ähnliches kann eintreten, wenn die fest mit dem Kiel verbundenen Bodenwrangen an ihrer Unterkante zu knapp ausgesägt sind und beim Einbauen nicht fest an der Außenhaut anliegen. Durch das Anziehen der Außenhaut mittels verzinkter Eisen- oder Kupfernägel an die Bodenwrangen muß ebenfalls ein Reißen der Kielplanke eintreten. Die Bedeutung der Bodenwrangen ist also nicht, wie manche glauben, eine Unterlage für die Bodenbretter zu schaffen oder einen kühlen Bilgeraum, welcher im Sommer die nötigen Flaschen Bier und Selters aufzunehmen hat, sondern sie stellen einen der vielen im Schiffbau berühmten Querverbände dar, die fast ausschließlich zur Stützung der Längsverbände als den tragenden Verbandteilen dienen. Wie ja auch das gesamte Spantwerk zur Stützung der einzelnen nicht miteinander verbundenen Außenhautplanken dient. Selbst die neben dem Kockpit angebrachten Decksbalken dienen hauptsächlich zur Stützung des Decks als Längsverband. Es sei bei dieser Gelegenheit darauf hingewiesen, daß es vollkommen falsch ist, die Decksplanken etwa in der Mitte des Bootes zu unterbrechen, da hier gerade die größten Spannungen auftreten. Da die Verbindung des Decks mit der Außenhaut, die, wie schon gesagt, besonders solide ausgeführt werden muß, nur durch den Balkweger erfolgen kann, so ist nicht nur dieser soliden Befestigung von Deck und Außenhaut mit dem Balkweger die größte Aufmerksamkeit zu schenken, sondern der Balkweger ist mit Rücksicht auf die vielen durch die Bohrlöcher entstehenden Verschwächungen als einer der Hauptverbandsteile so stark wie möglich zu machen. Auch die zwischen Deck und Außenhaut angebrachten Knie haben zum größten Teil den Zweck, diese Verbandsteile fest gegen-

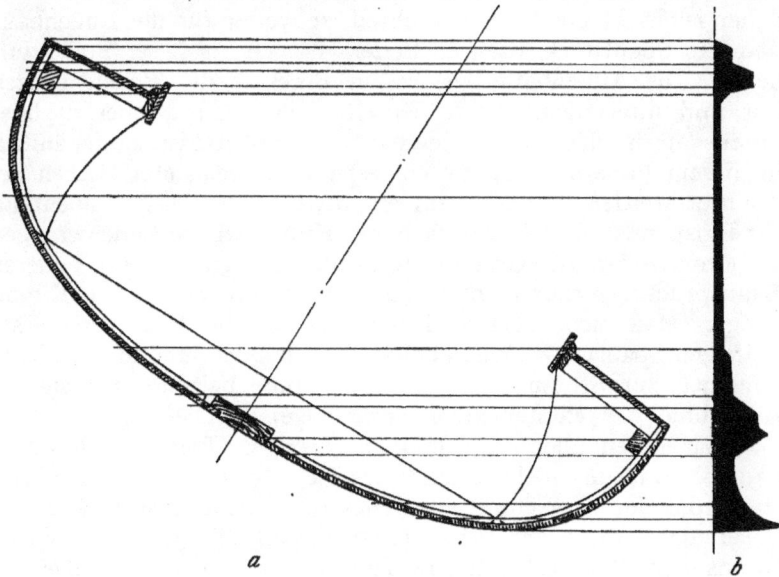

Abb. 87. Jollenquerschnitt mit gleichwertigem Träger bei geneigter Lage.

einander abzustützen, damit sie gerade hier an der äußersten Faser als ein einziger Verbandsteil wirken.

Für die aufrechte Lage hätten wir uns also nun an Hand des sogenannten gleichwertigen Trägers ein Bild von den Beanspruchungen gemacht, welchen die einzelnen Verbandsteile ausgesetzt sind. Wie ist es nun aber, wenn das Boot stark übergeneigt segelt und die Lage nach Abb. 87 annimmt? Der Leser sieht nun gleich, daß jetzt nicht mehr der Kiel und das Deck die äußersten Fasern darstellen, sondern die Außenhaut. Wir konstruieren uns auch jetzt den gleichwertigen Träger für die geneigte Lage Abb. 87b und sehen, daß er wesentlich ungünstiger geworden ist. Er ist zwar höher, doch ist die Ausbildung der Flanschen mangelhaft.

143

Das Widerstandsmoment wird allerdings größer sein, aber es zeigen sich jetzt folgende Nachteile: die untere Biegungsspannung muß jetzt von den Außenhautgängen der Kimm aufgenommen werden, die dazu nicht besonders geeignet sind, da es ihnen erstens an der nötigen Querschnittsfläche fehlt und zweitens sie sich infolge der starken Krümmung gegenseitig schlecht stützen können. Auf diesen Beanspruchungen beruht das schnelle Undichtwerden aller Boote in der Kimm, die um so größer ist, je stärker die Krümmung ist (U-Spant), da in diesem Falle auch die Spanten infolge der starken Krümmung vielfach geschwächt sind und die Stützung dieser Außenhautplanken nur mangelhaft ausführen können und daher leicht brechen. Ein Nachteil ist weiter für die Außenhaut und das Spantwerk, daß die Bodenwrangen an dieser Stelle aufhören. Die Außenhaut, welche im Bereiche der Bodenwrangen fest und unverrückbar mit denselben verbunden, aber darüber hinaus nur durch das federnde Spantwerk gestützt ist, kann nämlich in diesem Falle als einseitig eingespannter, belasteter Balken betrachtet werden, bei welchem ein bedeutendes Biegemoment an der Einspannstelle, also gerade in der Kimm, wo die Bodenwrangen aufhören, entsteht. Größere Seeschiffe begegnen dieser höheren Beanspruchung durch entsprechende Verstärkungen der Kimmgänge. Man sieht also auch hier wieder die Bedeutung eines kräftigen Spantwerks, das, obgleich es ein Querverband ist, wieder erheblich zur Stützung der Längsverbände beiträgt, um sie zur Aufnahme der entstehenden Spannungen zu befähigen.

Wir sehen aber an dem gleichwertigen Träger noch etwas anderes, was uns nicht gefällt, das ist, abgesehen von dem Umstand, daß der Querschnitt des Kieles, da er nicht mehr die äußerste Faser darstellt, nicht erheblich zur Vergrößerung des Widerstandsmomentes beiträgt, die Tatsache, daß der die äußersten Flanschen stützende Steg jetzt zu dünn im Verhältnis zur Höhe ist. Es entstehen nämlich, worauf wir hier nicht weiter eingehen wollen, durch die Wechselwirkung der Zug- und Druckspannungen neue Biegemomente und sogenannte Scherkräfte, unter deren Wirkung ein zu dünner, langer Steg nach der Seite ausknickt und die äußeren Flanschen nicht genügend unterstützt. Diese Ausknickungen des zu dünnen Steges können nur dadurch verhindert werden, daß der Steg entsprechende Versteifungen bekommt. Betrachten wir Abb. 87a, so sehen wir, daß jetzt den Bodenwrangen und Decksknien noch die Aufgabe zufällt, diese Stützung auszuführen. Also auch von diesem Gesichtspunkt aus ist der soliden Verbindung der Bodenwrangen und Decksknie mit Kiel und Außenhaut besondere Aufmerksamkeit zu schenken. Letztere sollten immer bis neben die Bodenwrangen herunterreichen.

Zum Schluß sei noch darauf hingewiesen, daß diese Beanspruchungen des Bootskörpers noch dadurch ungünstig beeinflußt werden, daß der Körper durch die entgegengesetzt drehenden Momente aus Winddruck und Hochbordmannschaft sogenannte Verdrehungsspannungen aufzunehmen hat. Auch hier kann man sich den vorderen Teil des Bootes bis zum Mast fest eingespannt denken, während der übrige Teil des Körpers durch das Gewicht der Hochbordmannschaft verdreht wird. Dieses Drehmoment wirkt also in der Spantebene des Mastes am stärksten und versucht, hier Deck und Außenhaut gegeneinander diagonal zu verwinden. Decksbalken, Spanten, Bodenwrangen usw. müssen also an dieser Stelle zu einem festen Rahmen verbunden werden. Die übrige Verwindung des Bootskörpers kann nur durch entsprechend starke Querverbände verhindert werden. An den Stellen, wo plötzliche Querschnittsveränderungen vorhanden sind, also z. B. am vorderen und hinteren Kockpitende, werden noch kräftige horizontale Verstärkungen angebracht, da sich erfahrungsgemäß an diesen Stellen die Spannungen häufen, worauf wir im Rahmen dieses Buches nicht näher eingehen können.

Denn die vorstehenden Ausführungen sollten nur dem Zwecke dienen, einmal die besonderen Festigkeitsverhältnisse der Segeljolle zu beleuchten und ferner in großen Zügen die Beanspruchungen zu erklären, denen die Segeljolle durch die Arbeit des Windes und der Hochbordmannschaft ausgesetzt ist. Denn diese Beanspruchungen sind geradezu gewaltsam zu nennen, da wir es nur mit schwachen Holzteilen zu tun haben, die unter sich durch Nägel und Nieten verhältnismäßig mangelhaft verbunden sind. Auch der Umstand, daß diese Beanspruchungen keine gleichmäßigen sind, sondern dauernd zwischen einem geringsten und höchstem Wert schwanken, müssen schließlich zu einer Lockerung der Verbände führen, wenn nicht ganz sorgfältige Arbeit geleistet ist. Wäre hier der Ort, noch tiefer in diese Festigkeitsverhältnisse einzudringen, so würde der Leser sehr bald erkennen, daß jeder Bauteil seinen besonderen Zweck im Rahmenverbande des Ganzen zu erfüllen hat und dies nur kann, wenn er sachgemäß in das Ganze eingefügt ist. Der Leser würde auch sein Boot nicht mehr als nötig beanspruchen und seinen Stolz nicht darin suchen, in einer Jolle, die für zwei Mann berechnet ist, mit 4 Mann Hochbord möglichst lange Vollzeug zu segeln. Die Folgen haben viele leider zu spät in Formveränderungen der Jolle feststellen müssen, die das Boot vollkommen entwertet haben. Wie diese Bauteile sachgemäß ausgeführt und in das Ganze eingefügt werden, darüber soll uns der nächste Band unterrichten.

Zum Geleit
Einleitung
  Bootstypen
  Die Eigenart der Schwertjolle
  Der Rumpf
  Die Takelung
  Die Jolle als Reiseboot
  Die Jolle als Rennboot
  Bauausführung und Anschaffungskosten
  Die Bestellung eines Neubaues
Risse, Ansichten und Beschreibungen von Jollen verschiedener Größe und Art
  Jollen bis zu 5 qm Segelfläche
  Jollen über 5 bis zu 10 qm Segelfläche

Jollen über 10 bis zu 15 qm Segelfläche
Jollen über 15 bis zu 20 qm Segelfläche
Nationale Binnenjollen des D. S. V. (22 qm Segelfläche)
Jollen über 20 bis zu 40 qm Segelfläche
Jollen für rauhes Wasser
Bauvorschriften des Deutschen Segler-Verbandes
Bauvorschriften des Deutschen Segler-Bundes
Hauptvorschriften der Klassenboote für die Weser I, IIa, IIb, III und IV
Bauvorschrift für eine Weser-Segeljolle von etwa 6 m Länge
Anhang: Zur Segelvermessung

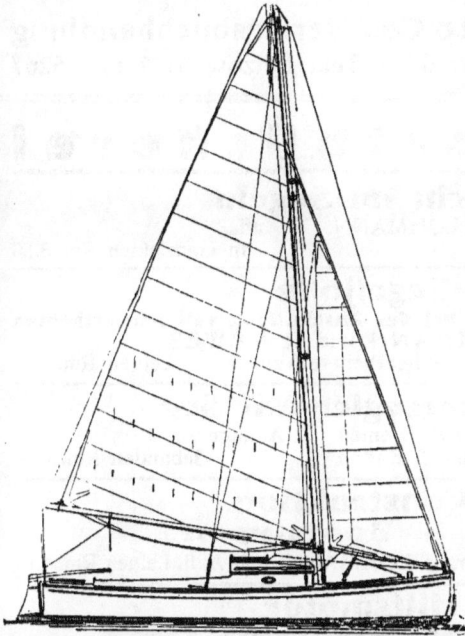

Soeben erschien:

Kajak-Selbstbau

von

Johannes Friebel

100 Seiten mit 48 Abbildungen und 2 Rissen von E u g e n V o l k.
In künstlerischem Leinenband Rm. **4.—**; broschiert Rm. **3.50**

INHALT

I. E i n f ü h r u n g : Kanuarten. Klasseneinteilung. Wer
eignet sich zum Selbstbauer. Vorzüge und Nachteile der
verschiedenen Arten des Kanus. Bootsformen und Bau-
weisen. Die Bauzeichnung. — II. B a u e i n e s K a j a k s
n a c h a n l i e g e n d e m R i ß (Einsitzer mit Leinwandhaut):
Allgemeines vom Leinwandboot. Die Helling. Spanten
und Mallen. Vorder- und Achtersteven; Kiel. Die Sent-
latten (Senten). Dollbaum, Unterzüge und Reeling. Luken,
Mastlöcher, Bodenbretter. Das Steuer; Der Flaggenstock.
Rückenlehne und Seitenkästchen. Der Leinwandbezug.
Das Deck. Außenkiel und Bodenschutzleisten. Die
Beschläge. Die Segel. Paddel und Bootshaken. Per-
senning; Regenschutz; Kissen; Zelt. Einige Abweichungen
beim Kajakzweier. Schwert und Schwertkasten. Das
Werkzeug. Holzleinwand (Schweden-) Bau. Der Klinkerbau.
Instandsetzung unbrauchbar gewordener Holzboote.
Einige Winke über das sportliche Auftreten. Material-
verzeichnis für einen Einsitzer in Leinwandbau, für einen
Zweisitzer in Schwedenbau und für einen Zweisitzer in
Klinkerbau, Riß eines Einsitzers, Riß eines Zweisitzers.

✦

Ein billiges und praktisches Buch!
Jeder Schüler kann danach ein Boot bauen!

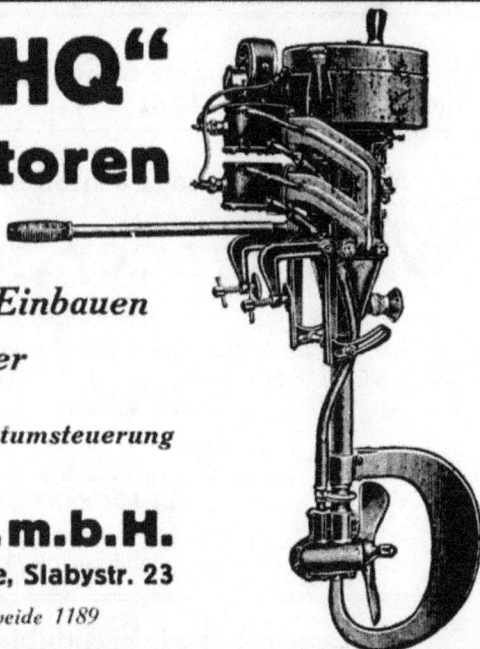

Richard Carl Schmidt & Co., Verlagsbuchhandlung
Lutherstr. 14 / **Berlin W 62** / Tel.: Lützow 5147 und 5267

Die
Handels - Marine

Ein Handbuch des Wissenswerten aus
Seewesen und Schiffahrt

von

H. MEVILLE

Dritte, vollständig neubearbeitete Auflage, 300 Seiten mit
4 Vierfarbendrucken, 3 Tafeln und 109 Abbildungen im Text
In Ganzleinen Rm. 9.—

Inhaltsverzeichnis

Vorwort zur 3. Auflage. Einleitung. I. Schiffbau
und Ausrüstung. II. Die Typen der modernen
Handelsschiffe. III. Das Segelschiff mit Hilfsmaschine.
IV. Die Schiffsführung. V. Leuchtfeuer und See-
zeichen. VI. Das See-Straßenrecht. VII. Das
Signalwesen. VIII. Der Dienst an Bord. IX. Die
Ziele des Berufes. X. Maschinisten, Funker, Ärzte.
XI Gagen und Heuern. XII. Die Klassifikations-
Gesellschaften. XIII. Das See-Rettungswesen.
XIV. Das Flettner-Schiff. XV. Anhang: A. Auszug
aus der Seemannsordnung. B. Die Deutsche See-
mannsschule. C. Tabellarium. D. Die großen
deutschen Reedereien. XVI. Das Leben an Bord.

RICHARD CARL SCHMIDT & Co., VERLAGSBUCHHANDLUNG

Lützow 5147 u. 5267 **Berlin W 62** Lutherstraße 14

Motorschiff- und Jacht-Bibliothek

Band 1: **Bootsmotoren.** Konstruktion, Einbau und Behandlung. Von Ing. W a l t h e r I s e n d a h l. 228 Seiten mit 133 Abbildungen. 3. Auflage. In Ganzleinen. RM. 4.—

Band 2: **Das Motorboot und seine Behandlung.** Von M. H. B a u e r. 6. Auflage. (Der „Autotechnischen Bibliothek" früherer Band 15), 260 Seiten mit 100 Abbildungen im Text. In Ganzl. RM. 4.—

Band 3: **U-Boote.** Von G e o r g S c h u l z e - B a h l k e. 210 Seiten mit 81 Abbildungen im Text. RM. 3.—

Band 4: **Rohölbootsmotoren.** Von Ingenieur H. F r a n z. 140 Seiten mit 67 Abbildungen. RM. 3.—

Band 5: **Vom Segelwesen.** Von Ing. G e o r g E w a l d. 110 Seiten mit 24 Abbildungen. RM. 2.50

Band 6: **Motor - Jachten.** Ihre Einrichtung und Handhabung. Von W a l t h e r I s e n d a h l. 2. Auflage. 180 Seiten mit 76 Abbildungen. RM. 3.—

Band 7: **Maschinenanlagen für Motorboote.** Von B r u n o M ü l l e r. 320 Seiten mit 135 Abbildungen. RM. 5.--

Band 8: **Küsten- und Fischerei - Motorfahrzeuge.** Von B r u n o M ü l l e r. 120 Seiten mit 43 Textabbildungen, darunter 3 großen Tafeln. RM. 4.—

Band 9: **Typentabellen von Boots- und Außenbordmotoren und Zubehörteilen.** Von B r u n o M ü l l e r. 130 Seiten mit 59 Textabbildungen. RM. 4.—

Band 10: **Taschenbuch für Motorbootführer.** Von B r u n o M ü l l e r. 150 Seiten mit 46 Textabbildungen. RM. 3.—

Band 11: **Kanu-Technik und Kanu-Sport.** Von A. B ü t t n e r. 380 Seiten mit 179 Abbildungen. RM. 2.—

Band 12: **Navigation für Motorbootführer.** Von H a r r y M e v i l l e. 2. Auflage von R. S c h m i d t. 120 Seiten mit Abbildungen. Karten und Tafeln. RM. 4.—

Band 13: **Wie sagt der Segler?** Von Dr. R. L o h m a n n. Nebst Anhang: Deutsch - dänisch - schwedisches Segler - Wörterbuch. Von Erna L o h m a n n - S i g g e l. 112 Seiten mit 1 Tafel. In Ganzl. RM. 3.—

Weitere Bände sind in Vorbereitung.

Richard Carl Schmidt & Co., Verlagsbuchhandlung
Lutherstr. 14 / **Berlin W 62** / Tel.: Lützow 5147 und 5267

Schiffsbergung

Schiffshavarien, Bergung und Hebung von gesunkenen Schiffen

Handbuch für Kapitäne, Ingenieure Bergungs- und Versicherungsfachleute

von

E. Grundt — S. I. Lavroff — K. Nechajew

XII, 315 Seiten mit 167 Abbildungen und 2 Tafeln.
In Ganzleinen Rm. 22.—

INHALT:

I. Teil. Einleitung.
    I. Schiffshavarien. II. Das Wesen der Bergung. III. Einfache Formeln zur Bestimmung der Quer- und Längsneigung und der Stabilität. IV. Stabilität der havarierten Schiffe. V. Wasserdichtheit und Fortbewegung der Schiffe.

II. Teil. Bergungsmittel.
    VI. Taue, Ketten und Zubehör. VII. Abdichtungsmittel. VIII. Leerpumpen und Lenzen. IX. Mittel zum Anheben. X. Hilfseinrichtungen und Hilfsarbeiten.

III. Teil. Abschleppen und Aufrichten havarierter Schiffe.
    XI. Abschleppen der gestrandeten Schiffe. XII. Aufrichten von gesunkenen Schiffen.

IV. Teil. Bergungen in stillen Gewässern.
    XIII. Anheben von Schiffen durch Verdrängungskräfte. XIV. Anheben von Schiffen durch äußere Kräfte. XV. Abtrocknen auf dem Grunde.

V. Teil. Bergungen in offener See.
    XVI. Anheben aus kleiner Tiefe. XVII. Anheben aus großer Tiefe.

VI. Teil. Allgemeines.
    XVIII. Verwertung der Wracke. XIX. Rechtsfragen über Wracke. XX. Patente und Vorschläge zur Schiffsbergung.

Literatur — Sachverzeichnis.

Sonderprospekt auf Verlangen unberechnet